中国地质调查成果 CGS 2022-019

中国地质调查局"清江流域水文地质调查"(DD20190824)项目资助

清江流域水资源承载力评价

QINGJIANG LIUYU SHUIZIYUAN CHENGZAILI PINGJIA

卫玉杰　成金华　著

图书在版编目(CIP)数据

清江流域水资源承载力评价/卫玉杰,成金华著. —武汉:中国地质大学出版社,2023.4
ISBN 978-7-5625-5516-2

Ⅰ.①清… Ⅱ.①卫… ②成… Ⅲ.①清江-流域-水资源-承载力-研究 Ⅳ.①Ⅳ213.4

中国版本图书馆 CIP 数据核字(2023)第 043163 号

清江流域水资源承载力评价		卫玉杰　成金华　著
责任编辑:龙昭月	选题策划:龙昭月	责任校对:张咏梅
出版发行:中国地质大学出版社(武汉市洪山区鲁磨路388号)		邮政编码:430074
电　　话:(027)67883511	传　　真:(027)67883580	E-mail:cbb@cug.edu.cn
经　　销:全国新华书店		http://cugp.cug.edu.cn
开本:787毫米×1092毫米 1/16		字数:220千字　印张:9.25
版次:2023年4月第1版		印次:2023年4月第1次印刷
印刷:武汉邮科印务有限公司		
ISBN 978-7-5625-5516-2		定价:98.00元

如有印装质量问题请与印刷厂联系调换

前　言

　　清江，如诗似画景迷人，蜿蜒百里入长江。党的十九大以来，习近平总书记多次强调以"共抓大保护，不搞大开发"为导向，坚持"生态优先，绿色发展"，推动长江经济带高质量发展。清江作为长江出三峡的第一条一级支流和长江流域重要的水源涵养地，有着丰富的水资源总量。如何筑牢高质量发展的生态屏障，实现经济效益、社会效益、生态效益统筹兼顾协调发展是清江乃至长江亟待解决的关键科学问题。

　　根据增长极限理论，人类社会在追求经济增长的同时，必须关注资源环境承载力问题。承载力不仅是一个探讨"最大负荷"的、具有人类极限意义的科学命题，而且是一个极具实践价值的、人口与资源环境协调发展的政策议题。作为全面深化改革和生态文明建设的一项创新性工作，承载力监测预警机制的建立对转变经济发展方式、优化国土空间开发格局、迈向高质量发展道路具有重大意义。

　　基于此，本书以"系统特征分析—指标体系构建—评价方法确定—承载潜力测算—警情状态评价"为主线，从"管理"的角度将指标体系与相关政策文件、历史资料系统收集和实证调查、定性分析与定量分析相结合，运用极差法、熵权法、TOPSIS、CPM、时差相关分析法、回归分析法等方法对清江流域县市尺度展开水资源承载力评价。

2022 年 6 月

目 录

第1章 绪 论 ……………………………………………………………………… (1)

1.1 研究背景、研究意义与研究目的 …………………………………………… (1)
1.2 文献综述 ……………………………………………………………………… (2)
1.3 研究内容与研究方法 ………………………………………………………… (15)
1.4 主要创新点 …………………………………………………………………… (17)

第2章 清江流域水资源系统特征分析 ……………………………………… (18)

2.1 清江流域地理概况 …………………………………………………………… (18)
2.2 清江流域社会经济系统特征分析 …………………………………………… (20)
2.3 清江流域水资源量系统特征分析 …………………………………………… (22)
2.4 清江流域水环境系统特征分析 ……………………………………………… (28)
2.5 清江流域水生态系统特征分析 ……………………………………………… (33)

第3章 清江流域水资源承载力评价指标体系的构建 ……………………… (37)

3.1 清江流域水资源承载力评价体系构建的思路 ……………………………… (37)
3.2 清江流域水资源承载力评价指标构建的过程 ……………………………… (42)

第4章 清江流域水资源承载力评价方法 …………………………………… (51)

4.1 指标权重的确定 ……………………………………………………………… (51)
4.2 清江流域水资源承载力及其警情评价方法 ………………………………… (52)

第5章 清江流域水资源承载力现状及其警情评价 ………………………… (62)

5.1 清江流域水资源承载力单项评价及其警情分析 …………………………… (62)
5.2 清江流域水资源承载力集成评价及其警情分析 …………………………… (75)
5.3 清江流域的水资源承载力的耦合协调发展评价 …………………………… (86)

Ⅲ

第 6 章　清江流域水资源承载力预判及其警情趋势评价 ……………………（94）
　　6.1　清江流域水资源承载力预判方法的稳健性检验 ………………………（94）
　　6.2　清江流域水资源承载力单项评价及其警情趋势分析 …………………（96）
　　6.3　清江流域水资源承载力集成评价及其警情趋势分析 …………………（106）
　　6.4　清江流域水资源承载力协调发展趋势评价 ……………………………（112）

第 7 章　研究结论与研究展望 ………………………………………………（119）
　　7.1　研究结论 …………………………………………………………………（119）
　　7.2　研究展望 …………………………………………………………………（121）

第 8 章　政策建议 ……………………………………………………………（122）
　　8.1　加强水生态环境的监测管理,提高水资源环境的承载力 ……………（122）
　　8.2　严格落实责任制,实现"一河一长""一湖一长""一田一长" ………（123）
　　8.3　认真落实主体功能区规划,科学划分水功能区 ………………………（124）
　　8.4　科学分析水资源评估结果,精准调整超承载力用水现象 ……………（124）

主要参考文献 …………………………………………………………………（127）

第 1 章 绪 论

1.1 研究背景、研究意义与研究目的

1.1.1 研究背景

水资源短缺问题已经成为影响 21 世纪人类社会发展和经济发展的一个重大问题,在过去的一百多年里,水资源的需求量增加了 8 倍(Veldkamp et al., 2017;成金华等,2018)。作为一个有责任感的大国,中国在水资源可持续利用、水生态文明建设方面已经采取了一系列的举措。当前,我国经济已经从高速发展向高质量发展转变,推进高质量发展对建设社会主义现代化强国有重要影响。这是党中央在中国发展的历史转折点上提出的引领新时代现代化建设的重要战略。

"人口红利""环境红利"和"资源红利"是中国近 40 年来快速发展的重要支撑,如今已不复存在。我国工业化面临着资源制约趋严、环境污染恶化、生态环境退化、空间开发布局混乱、主体功能贯彻不当的严峻形势。在此背景下,生态环境保护、水资源开发与社会经济发展之间的协调已成为亟待解决的问题。可见,水资源承载力在新的历史条件下被赋予了更加丰富的内涵和更高的要求:它既要对水资源承载力进行评估,又要建立一个长期的监测和预警机制。这充分反映了水资源承载力评价和监测预警工作在可持续发展中的重要地位和重大需求。

1.1.2 研究意义

生态兴则文明兴,生态衰则文明衰。生态文明的建设关系到人类的幸福和国家的前途。长江是中国人民的母亲河,长江地区的生态恢复与环境保护已成为制约其发展的关键因素。习近平总书记于 2020 年 11 月在江苏考察时强调要统筹发展与稳定,以保护生态环境为重点,促进经济社会高质量发展和可持续发展。因此,为了保护和改善清江流域水生态环境,确保清江流域水资源的永续利用,规划好、保护好、利用好清江流域丰富而宝贵的水资源,协调好区域社会经济发展、生态文明建设与水资源的保护要求至关重要。开展清江流域水资源承载力综合评价和预警评价是摸清当地经济社会发展的承载情况和承载潜力的有效方

法。它不但可以为提高水资源承载力提供更好的参考依据,而且可以为水资源承载力的预警理论提供现实依据。结合绿色发展的新时代要求,提出推动清江流域水资源开发与水生态改善、生态环境保护相协调的政策建议,对促进清江流域绿色健康发展具有重要意义。

本书的研究意义和研究价值主要体现在以下几个方面:

(1)分析清江流域水资源环境问题的区域差异特征和战略定位,有助于把握评价指标体系构建的重点。

(2)结合清江流域水资源保护的战略定位,构建差异化的评价指标体系。笔者综合考虑了"三水共治"任务、主体功能区类型、"红线"管控等管理政策,体现了承载状态与预警等级的对应关系,并结合评价指标体系设计的原则,通过定量和定性相结合的方法,构建了与清江流域发展联系紧密且针对性较强的18个评价指标。

(3)地方政府对绿色开发途径相关的问题亟须科学决策支撑,对水资源环境承载力预警系统实用化与业务化的需求强烈。水资源的承载力是一个地区社会和经济发展的前提和基础。笔者从不同方面对清江流域的水资源承载力进行分析和测算,建立水资源与人口、社会经济、生态环境协调发展的预警体系,不断调整发展方向和发展节奏,从而协调各系统间高质量发展。

1.1.3 研究目的

笔者旨在结合清江流域水资源保护的特殊地位,分析清江流域水资源生态环境问题的区域差异特征,构建清江流域水资源承载力评价指标体系。具体来说,本书的研究目的如下:

(1)分析清江流域水资源环境问题的区域差异。

(2)基于水资源环境区域差异分析的结果,结合国家对清江流域的战略定位,构建差异化的清江流域水资源承载力评价指标体系。

(3)运用极差法、熵权法、TOPSIS(technique for order preference by similarity to ideal solution,逼近理想解排序方法)、CPM(catastrophe progression method,突变级数法)、时差相关分析法、回归分析法等方法开展清江流域水资源承载力评价,并结合研究结果提出政策建议。

1.2 文献综述

1.2.1 水资源承载力相关研究

1. 水资源承载力概念相关研究

1)承载力的内涵

承载力(carrying capacity)最初是一个动力学的物理概念,反映了一个物体在被破坏前的最大承载力,如今已成为衡量和管理人类可持续发展的重要基础(Young,1998;Abernethy,2001)。18世纪末19世纪初,著名的经济学家马尔萨斯发表的《人口原理》(*An Essay on the Principle of Population*)提出了一种新的环境承载力概念。其学说的一个基本原理就是,粮食安全对于人类的持续发展非常关键,而且人口(或者动物)的数目常常以指数形式增加。Park和Burgess最先提出了承载力的概念。他们认为,承载力是指在一定的环境条件(主要是指生存空间、营养、阳光等生态因素的组合)下,个体的生存能力上限(Park et al.,1921)。在1980年早期,UNESCO(United Nations Educational, Scientific and Cultural Organization,联合国教科文组织)与FAO(Food and Agriculture Organization of the United Nations,联合国粮农组织)共同提出了资源承载力的概念,即一个国家或区域的资源承载力是指在可预见的时间内,该国家或区域所拥有的资源、自然资源和技术,在一定程度上满足其社会和文化标准的条件下的人口数量(UNESCO et al.,1985)。20世纪60年代以后,人口膨胀、资源短缺、环境污染、生态危机等全球性的环境问题日益突出,人类学家和生物学家在人类生态学中运用承载力的概念来描述一个地区体系对外界环境的最大容忍度。从此,承载力的概念和意义也发生了变化,与环境退化、生态破坏、人口增长、资源减少和经济发展等相关,用以表明环境或生态系统能够承载发展和具体活动的极限,而承载力也成为探讨可持续发展的非常重要的内容(张引等,2016;封志明等,2017;Li et al.,2021;Hu et al.,2022;Long et al.,2022)。

承载力作为解决资源环境问题的一种有效工具,已受到国内外政府和学者的青睐。关于资源承载力的概念并没有统一的观点,大致可以分为3类:一是在一定条件下,区域资源的最大开发利用能力;二是在特定条件下,地区资源可以支持的最大人口;三是在特定的条件下,地区资源能够支撑经济、社会和生态系统的可持续发展能力(王喜峰等,2019)。由此引出了群落生态学、土地承载力和水资源承载力的概念(Ding et al.,2015;Peng et al.,2016;Ungar,2019)。因此,水资源承载力的概念大致也分为3类,其中第三类观点受到了中国政府和学者更高的青睐(臧正等,2015;王亚飞等,2019)。随着对承载力的研究越来越多,承载力的内涵也越来越丰富,对承载力的评估也由原来的资源承载力、环境承载力的评估逐步转向了对资源和环境的综合评估;同时,承载力的评价尺度也逐步多样化,涉及全国到县域、流域的多尺度区域承载力评估(刘睿劼,2014;Fu et al.,2020;Chu et al.,2022)。其应用范围包括人口生态学、生物学、生态学、资源经济学、环境经济学、区域经济学等几大领域。

2)水资源承载力的概念

水资源承载力是资源承载力中的一个重要内容,但其产生的时间相对于土地资源承载力来说还比较迟,20世纪80年代才有了水资源承载力的研究(牟海省等,1994;耿福明等,2007;余灝哲等,2020),此后又逐步扩大了水资源承载力的评估范围,并提出了新的评估方法(孙国营等,2019;许杨等,2019;周钰等,2020;Wang et al.,2021)。目前多数学者[如朱一中等(2002,2003,2005)、徐志等(2019)、封志明等(2006,2017,2018,2021)、Chi等(2019)、Zhang等(2022)等]都借鉴了土地资源承载力较早阶段的定义,在各自的研究中界定了水资源承载力,即以水资源所能承受的人口容量作为水资源承载力的评价指标。目前,关于水资源承载力的概念并没有统一的观点,主要有 3 种类型:一是在特定情况下,最大限度地开发和利用水资源的能力(水资源的容量论);二是在一定条件下,区域资源能够支撑的最大人口数量(水资源可支撑社会发展规模论);三是在特定的条件下,地区资源能够支撑经济、社会和生态系统的可持续发展能力(综合考量论)(王亚飞等,2019),见表 1.1。

表 1.1 水资源承载力的不同概念

概念分类	研究内容
水资源的容量论	在一定经济技术水平及社会发展条件下,最大限度地满足工业、农业、居民生活和生态环境的用水需求,即最大限度地开发和利用水资源的量(Feng et al.,2008)
	社会经济发展到一定阶段,可供开发利用的水资源量能满足人类社会经济活动的需求(Meng et al.,2009)
水资源可支撑社会发展规模论	在一定的历史发展阶段,在技术、经济、社会发展可预见程度和可持续发展的前提下,保持生态环境的良好发展,以及在合理开发和利用水资源的前提下,满足人口发展和经济发展的最大能力(李令跃等,2000;惠泱河等,2001;Ma et al.,2016;Cheng et al.,2016)
	从社会经济、水资源、生态环境 3 个方面对辽河流域的水资源承载力进行了综合评价,将"可支撑的合理规模"作为水资源承载力的定义,认为区域水资源承载力为可供社会经济发展的最大限度(段春青等,2010)
	利用标准差椭圆分析了城镇化质量、水资源承载力的时空格局,并且计算了二者的协调发展度、空间差异系数,同时利用灰色关联模型分析了两个系统之间的交互影响因素,认为水资源承载力指数和城镇化质量指数均处于波动变化状态(郑德凤等,2021)
	运用 SD(system dynamics,系统动力学)模型构建了包含经济、社会、人口、环境的综合系统,认为水资源承载力是刻画水资源与社会经济、人口发展、环境之间复杂关系的恰当分析途径(Liu et al.,2022)
综合考量论	水资源承载力的研究应加强水文基础与水资源、社会经济学科的综合研究。在特定的社会背景下,在生态系统不遭受破坏的前提下,地区水资源量可支持区域内工农业、城市和人口的最大容量(夏军等,2002)
	基于流域水资源二元演化模式的承载力计算,不仅考虑了水资源对社会经济系统的承载力,还考虑了水资源对脆弱生态系统的承载力,以及生态系统对经济系统的间接承载力(王浩等,2004)
	对流域生态承载力的起源与发展进行了梳理,指出承载力理论、可持续发展理论、生态足迹理论以及流域生态环境理论是流域生态承载力研究的基础、落脚点和支撑(曾晨等,2011)
	一个流域或地区的水资源动态承载力是指在可预测的一段时间内,由于气候变化和人为因素的作用,使其维持生态系统的良性循环,从而支持经济和社会发展的规模(左其亭等,2015)
	基于生态系统服务的生态足迹,对太湖上游湖州市的水体承载力进行了研究(焦雯珺等,2016)

在上述研究的基础上,笔者参考《资源环境承载能力和国土空间开发适宜性评价技术指南(试行)》(自然资源部于 2020 年颁布)提出的水资源承载力评价概念,即以特定的发展阶段、经济技术水平和生产生活方式为依据,以可持续发展为原则,选取与水资源承载力发展密切相关的预警指数,对特定地域水资源所能承受农业生产、城镇建设等的最大规模进行客观评价,并依据地区生态和经济发展的需要,确定相应的预警阈值。在这里,最大规模不仅需要考虑本底条件和剩余量,还应考虑国家战略下的定额目标及未来可挖掘的开采潜力。

2. 水资源承载力评价指标相关研究

水资源承载力研究是揭示水资源利用与社会经济发展关系的基础,目前相关研究主要集中在水资源承载力概念确立、承载力评价和指标体系构建等方面(刘晓等,2014;金菊良等,2018)。从现有的研究来看,水资源承载力评价指标体系的设计与应用已经具备较为丰富的研究基础,将现有的研究结果进行归纳,对本书的研究具有一定的借鉴意义。

关于省域水资源承载力评价指标体系的研究相对更为全面。较多研究从国家层面或区域层面构建了省域水资源承载力评价指标体系。王友贞等(2005)构建了包括水资源系统、社会系统、经济系统、生态环境系统、综合协调指标等领域的 38 项指标体系,并以安徽省为例进行实证研究;Liao 等(2020)提出了承载-负荷(carrier-load)透视法,从"carrier"(水资源、供水、排水)和"load"(社会经济发展、生态环境)两个维度构建指标体系,评估了中国 31 个省份水资源承载力;许长新等(2020)从水资源量、水质、水环境等维度构建了区域水环境承载力评价指标体系,并以江苏省为例进行实证研究;袁鹰等(2006)提出了评估水资源承载力的 3 个层面,即作为承载主体的水资源系统、作为承载客体的社会-经济系统以及水资源合理分配的主客体耦合系统,从而构建了包含 19 项指标的水资源承载力评价指标体系,并以海南省为例进行实证研究;He 等(2021)构建了生态足迹概念与指标体系的解耦模型,从水土资源支撑力和压力的角度,提出了一个评估 W-LRCC(water-land resource carrying capacity,水土资源承载力)趋势的框架,评估了 2006—2017 年中国省级水资源可持续利用总体走势和年度走势,并分析了走势的主要驱动力;Wu 等(2020)从压力、支撑及调节力 3 个子系统出发,建立了多维前提云和风险矩阵的耦合模型,对安徽省的承载力水平进行了分析。总结国内外学者的研究发现,水资源承载力的指标类型一般来说可以归为两大类:宏观性指标和综合性指标。宏观性指标表示水资源承载的人口数量和产业规模;综合性指标表示水资源的支撑能力。宏观性指标是指区域内水资源量可以支撑的人口数量与经济规模,通常包括 4 个方面,即水资源系统状况、经济状况、社会体系状况和生态环境状况。这几个方面往往可以使用更加详细、能够量化的方法进行描述。例如,水资源系统状况可以利用水资源的规模、开发程度、水质条件等指标进行描绘,经济状况可以用工业结构、产业用水状况、用水效率等重要指标衡量,社会体系状况可以用人口规模、城市化水平、人均用水量等指标反映,而生态环境的用水情况、植被覆盖情况、污水排放情况等指标是评价生态环境状况的重要依据。较多学者逐步将水环境和水生态纳入水资源承载力考虑范畴(郭倩等,2017;Jia et al.,2018;Bu et al.,2020)。赵强等(2018)在对山东省现状进行调查和统计的基础上,从水资源禀赋、社会经济发展、生态环境3个方面建立了水资源承载力评价指标体系,结果表明山东省水资源承载力水平总体较弱,年际变化较大;苏敏杰等(2018)从水资源系统、经济社会和生态系统3个方面对云南省2006—2015年水资源承载力进行评价,并基于最大熵投影寻踪技术进行区域水资源承载力评价;Zhao等(2021)基于压力支持、破坏性恢复和退化促进理论框架评价了京津冀城市群的水资源承载力;Peng等(2021)基于喀斯特地区特殊的地理位置,首次提出驱动-压力-工程缺水-状态-生态基础-响应-管理概念的指标体系,对2009—2018年水资源承载力进行评估。综合性指标通常包含承载力指数或者协调指数,水资源承载力状态往往以指数的覆盖范围和大小进行判断,通常跟宏观性指标结合起来。如伍文琪等(2018)从水资源、社会、经济和生态环境4个方面入手,建立了水资源承载力综合评价模型,并从经济压力、人口压力、承载压力和协调度等指数方面对云南省水资源的承载力和利用情况进行了评估。

流域尺度方面:Zhao等(2008)在前人研究成果的基础上,探讨了水资源承载力的定义和内涵,建立了海河流域水资源承载力的评价模型。结果表明,海河流域水资源过度开发,且有继续恶化的趋势,提出了降低人均用水量、建设南水北调工程等提高水资源承载力的措施;张宁宁等(2019)在水资源数量、水环境容量、水域空间等因素的基础上,增加了量水动力过程维度,构建了"量-质-域-流"的黄河流域水资源承载力评价指标体系;Fang等(2019)采用二元指标评价法和还原指标评价法,对太湖流域和东南流域组成的太湖流域水资源承载力进行了评价;Duan等(2021)根据欧洲环境署PSR(pressure – state – response)模型,综合考虑了环境和社会因素,将"驱动力"和"影响"加入"压力-状态-响应"模型中,建立了更为广泛使用的DPSIR(driving – force – pressure – state – impact – response)框架模型;白洁等(2020)在评价白洋淀水环境承载力时,选取了水资源、水环境和水生态维度的万元GDP用水量、人均水资源量、水质达标率、水域面积率、建设用地面积占比等16项指标;高新才等(2009)在建立水资源承载力评价模型评价黑河流域时,使用了系统动力学方法,分析了3种不同水资源配置方案下的可承载人口情况;董雯等(2010)以艾比湖流域为例,运用"德尔菲专家调查法"和"模糊层次分析法"构建了包括水资源、经济社会发展、生态环境等30项具体指标的评价体系;Hu等(2021)构建了包括人口、生态、水资源、水环境和水生态5个子系统的北运河流域水环境承载力指标体系;Yang等(2021a)采用的气候、经济和技术控制目标反演模型以水功能区的总用水量、用水效率和受约束的污染物总量控制为边界条件,对塔克拉玛干沙漠南缘克里亚河流域进行动态水资源承载力评价,结果表明,气候变化有积极影响,而水消费量和污水排放量的增加显示出消极影响;苏贤保等(2018)以流域为研究对象,根据甘肃省不同流域的水资源和水环境阈值,对水资源的综合承载力进行了测算,很好地体现了差异化的阈值用以评价承载力水平;周云哲等(2019)建立了以"量-质-域-流"为基础的水资源承载力评价指标体系,评价了黑河流域张掖市、酒泉市、阿拉善盟水资源配置方案的荷载均衡状况;左其亭等(2020)建立了包含水资源、生态环境和经济社会3个层次的评价指标体系,对黄河流域的水资源承载力进行了评估;卞锦宇等(2020)在评价太湖流域水资源承载力时,根据水量、水质、生态和水流4个要素,建立了以目标层、要素层、表征层和指标层为基础的、多层次、分要素、能力-负荷双向表征的水资源承载力评价体系;康健等(2020)对海河流域农业水资源承载力进行评价时采用了基于集对分析理论的五元联系数法,以达到充分把握农业水资源发展规模、确保海河流域水安全、粮食安全的目的;朱悦(2020)界定了水资源、水环境、水生态("三水")承载力概念,采用三级层级框架,构建了以"三水"为核心准则层的辽河流域水环境承载力指标体系;顾文权等(2021)针对水资源承载力评价指标纬度高、指标权重主观性强等问题,以闽清县梅溪流域为例,构建了基于主成分分析的水资源承载力评价模型,以期为南方小流域水资源承载力评价提供支撑;黄昌硕等(2021)对黄河流域上游区、中游区和下游区的水资源承载力进行了预测和分析。已有研究鲜从流域的县级尺度进行进一步的细化、深入研究。

随着水资源管理内容的发展,水资源承载力指标体系也越来越丰富,有较多学者将水资源承载力评价指标体系的研究对象细化至城市和县域。由于多方面的原因,县域水资源承载力评价指标体系研究并不多见。Song等(2011)基于可持续发展要求,对天津市水资源和人口规模进行评价分析;Peng等(2020)首次提出了DPESBR概念模型,并在该模型的基础上选择了42项指标,采用组合赋权法进行贵阳市水资源承载力评价;Li等(2014)运用模糊综合评价模型,从水资源、社会经济和生态环境3个维度建立水资源承载力评价指标,对福建省城市水资源承载力进行了综合评价;Bu等(2020)将系统动力学和层次分析法结合起来,构建了常州市水生态承载力评价指标体系,特别是构建了水生生境和水生生物指标体系,表明水生态健康应与过去关注的经济和人口指标一起进行监测;杜雪芳等(2022)构建了包含水量、水质、水域和水流4个维度12项指标的体系,对郑州的水资源承载力进行研究;张爱国等(2021)基于驱动力-压力-状态-影响-响应-管理模型设置评价指标,从管理角度结合天津市相关政策构建评价指标体系;王晓玮等(2017)基于DPSIR理论框架,采用主成分分析法筛选并确定最终评价指标,构建了阜康市水资源承载力基础指标体系;Yang等(2019)在对西安市的水资源承载力进行评估时,建立了多标准评价体系;方创琳等(2017)在构建三级土地综合承载力测度指标体系时,从土地生态-生产-生活综合承载力出发,以县域为度量对象,对各层次的具体指标进行了定量识别。

在指标体系构建的基础上,较多学者应用耦合协调发展模型来研究不同系统的协调发展状态,区分滞后发展类型(唐晓华等,2018;孙钰等,2020)。Wang等(2017)采用主客观赋权法、综合评价法和耦合协调模型相结合的方法,评价中国矿业经济区资源环境承载力的耦合协调度,寻找资源环境承载力的"短板";何宜庆等(2012)在勉强协调、中度失调的基础上区分了资源滞后型、经济滞后型和经济受损型;邢霞等(2020)认为黄河流域64个地级市的经济发展水平明显滞后于用水效率;杨亮洁等(2020)建立了生态弹性限度和环境承载力的耦合协调模型,根据河西走廊的生态环境情况,将其耦合协调分为高耦合协调增长型、高耦合协调减少型、中耦合协调增长型和低耦合协调增长型。

3. 水资源承载力评价方法相关研究

从已有的研究结果来看,我国水资源承载力评估已有了较多的研究结果。总结已有的研究成果可以为本书的研究提供有效的经验和启示。学者们主要运用指标体系法、综合评价法、足迹类等测算承载力,并以测算结果为支撑,通过总结承载力时空分布规律、判别影响因子、揭示作用机制,发挥承载力在推动区域经济发展、加快新型城镇化、优化国土空间及监测预警与模拟预测等方面的支撑作用(孙阳等,2022)。

基于指标体系的评估方法是指对建立的评价指标体系进行权重赋值和套用模型处理,国内外对水资源承载力的评估主要从经济、人口、生态环境、自然资源本底条件等层面展开。封志明等(2006)基于水资源供需平衡理论,从经济、人口、水资源3个方面构建了京津冀都市圈水资源承载力评价模型;孙久文等(2020)从经济、环境、资源、基础设施、文化角度构建了包含27个具体指标的评价指标体系,评价了大运河综合承载力;张宁宁等(2019)在已有研究的基础上,针对黄河流域各地级市的水资源特点,又结合了水域空间和水动力过程,建立了17项指标,将水资源承载力评价等级分为5个等级;汪嘉杨等(2017)从社会经济、水资源、水质状态、投资管理等方面选取指标,建立了"驱动-状态-响应-管理"的评价模型,构建了具有3层结构的评价指标体系;Zuo等(2021)通过构建评价指标体系,结合模糊多属性决策法与层次分析法,解决了水资源承载力评估过程中子系统的不确定性问题;Magri等(2019)提出了一个适用于不同城市环境的水资源承载力评估框架;Naimi Ait-Aoudia等(2016)专注于水需求和水供应的因素,从而研究气候变化下的水资源承载力;Zhang等(2019)从支持系统和压力系统构建指标体系,测算了中国直辖市、省会城市和副省级城市的水资源环境承载力;热孜娅·阿曼等(2020a)在构建水资源承载力综合评价模型时,选取了水资源、社会、经济、生态及协调系统评价指标,计算出水资源承载力综合评价指数,对新疆维吾尔自治区15个地区的水资源承载状态和时空演变特征进行了分析。

综合评价方法是综合运用多种计量方法对区域水资源承载力进行全面评价。Wu等(2020)引入了多维前提云算法来量化单个评价指标的隶属度,并通过风险矩阵和指标权重进一步获得每个样本的综合隶属度,进而识别水资源状况。随着水资源承载力综合评价方法的优化和改进,现有的单一的方法已满足不了研究需求,进而转向多方法交叉融合优化的方向发展。Zang等(2015)提出了资源承载力阈值、资源负荷阈值和资源强度阈值的概念和表征方法,结合分岔理论和突变理论,引入突变级数法对辽宁省14个城市2011—2013年的水资源承载力评价进行了实证分析;Wang等(2021)基于改进的模糊综合评价模型和系统动力学模型,测算了长春市水资源承载力;曾现进等(2013)和孙毅等(2014)选用向量模法测算了宜昌市和恩施土家族苗族自治州(以下简称恩施州)的水环境承载力;Zhou等(2019)认为污染物排放、水资源过度开发造成区域供需不平衡,水资源环境承载力绩效设计有效的奖惩机制较为重要,故利用DEA(data envelopment analysis,数据包络分析)构建了基准模型并动态调整奖惩机制;Wu等(2018)将水土评价工具、水资源供需模型、主成分分析和模糊综合评价模型应用于西北内陆河流域;Yang等(2016)提出了基于集对分析法的水资源承载力评价模型,考虑了水资源系统的支撑力、压力和协调力;Wang等(2022)从经济、社会、水资源和水环境角度,运用系统动力学构建了水资源承载力的动态反馈系统;Capello等(2002)在研究可持续发展规模的基础上,提出城市承载力概念,并认为城市规模对城市可持续性的重要性是众所周知的,在塑造城市生活条件质量的可能性方面发挥着重要作用,此外,强调对城市动态中存在周期性模式的认识可有助于制定环境政策,通过消除周期性波动,在可持续性方面实现稳态平衡;Magri 等(2019)认为阿尔及利亚的奥兰地区水资源相当匮乏,可通过评价水资源承载力来更好地实施 2019 年颁布的《城市发展规划》,实现可持续发展。

足迹类评估经常被用来计算全球的生态(水环境)承载力、客观反映国家或地区的资源责任情况,以及比较不同群体的生态(水环境)情况。夏军等(2022)构建的水资源生态足迹模型基于城镇化生活、工业经济发展、生态经济和农业生产 4 类用水账户,对水资源的生态足迹和水生态的承载力进行了综合评价;焦雯珺等(2016)在进行水生态承载力评价时,基于生态系统服务的生态足迹法,讨论了怎样借助求并集法或求平均值法,以及是否考虑水质标准和环境功能分类;Msuya 等(2018)以坦桑尼亚潘加尼盆地水为例,认为将水资源综合管理和生态水文学联系起来,维持流域环境友好型经济活动对确保持续的水流和满足社会需求的流域服务的稳定供应及水生植被和动物物种的完整性至关重要;李雨欣等(2021)基于生态足迹模型测算 2003—2018 年中国省域水资源生态平衡供需情况,并利用 ARIMA 模型预测其未来变化趋势;王文国等(2011)基于生态足迹的原理和计算模型,测算了四川省水资源生态足迹、水生态承载力;陆砚池等(2018)以水资源生态足迹格局模型为基础,通过基尼系数及其分解和重心迁移分析来衡量水资源配置的均衡程度和均衡性的动态演变过程;赵静等(2017)在对延边朝鲜族自治州水资源生态足迹的承载空间分布进行分析和测算时使用了生态足迹分析方法。

当前,世界各国对于水资源承载力的研究,大都与可持续发展理论结合起来(夏军等,2002),或者在可持续发展的内容中略微提到,国外的学者常常将它纳入到可持续发展的研究之中,并将它应用于健康的自然环境中(Yano et al.,2020;Acuna-Alonso et al.,2021;Zetland,2021)。常用的水资源承载力的量化评估方法如表 1.2 所示。

表 1.2 水资源承载力的量化评估方法

评估方法	参考文献	研究方法	研究区域
指标体系评估方法	王奕淇等,2016	能值分析法	渭河流域
	叶文等,2015	状态空间法	秦巴山水源涵养区
	刘慧等,2011	因子分析法	赣江源流域
	赵宏波等,2015	突变级数法	长吉图开发开放先导区
	刘金花等,2019	基于多尺度评价模型	济南市
	雷勋平等,2016	TOPSIS 模型	安徽省
综合量化评估方法	张军等,2012;刘子刚等,2011	生态足迹法	疏勒河流域;湖州市
	杜立新等,2014;赵新宇等,2005	多目标分析法	秦皇岛市;郑州市
	Liu et al.,2022	系统动力学模型	中国
	岳东霞等,2009;潘兴瑶等,2007	地理信息技术系统	中国西北地区;北京市通州区

1.2.2　水资源承载力预警相关研究

由中共中央办公厅发布的《中共中央关于全面深化改革若干重大问题的决定》和水利部办公厅制定的《建立全国水资源承载能力监测预警机制技术大纲》指出，要对全国县域水资源承载力状况进行动态评价，建立水资源承载力动态监测预警机制，对水资源承载负荷超过或接近承载力的地区实行预警提醒和限制性措施。

系统科学是预警系统理论基础的一部分，以系统工程为基础的科学研究办法是处理预警类相关问题的关键渠道。1969 年，美国 Hall 提出的系统工程三维结构图预警包括明确警义、识别警源、分析警兆、预测警情、判别警兆、评判警情、界定警戒度、排除警患（文俊等，2006），其核心思想是通过对以往的系统发展规律进行归纳，确定一个特定的预警指标，并根据危险的大小来判断危险的范围和程度，进而发出不同的警示信号，从而为制定相应的控制对策提供重要依据（Xiang et al.，2012），包括预警指标、警戒阈值、预测并评价危害范围及程度、调控措施 4 个方面（金菊良等，2018）。White 于 1973 年利用风险管理和决策理论建立了陆地洪水预警系统；德国和奥地利联合开发的多瑙河流域水污染预警系统（Danube accident emergency warning system，DAEWS）是水质预警的一个典型案例（Gyorgy，1999）。1975 年，全球环境监测系统建立是预警发展到环境领域的标志，国外在以河流为典型的流域水污染预警方面进行了一些相关研究。Ried 等（2010）以湄公河为例，按照联合国减灾行动方案进行洪水预警，并提出相关政策和建议。20 世纪 90 年代，我国开始重视环境风险预警，陈国阶（1996）提出了环境预警就是对环境质量和生态系统逆化演替、退化、恶化的及时报警，但早期环境预警的研究主要集中在理论探讨的层面，并未进行实际应用。近些年，我国提出"建立资源环境承载力监测预警机制，对水土资源、环境容量和海洋资源超载区域实行限制性措施"的要求，许多部门和学者对资源环境承载力的超载状态预警展开了积极研究（王兆庆等，2013；谭立波等，2014；徐卫华等，2017）。樊杰等（2015）认为资源承载力预警是以区域可持续发展理论研究为基础、结合资源承载力研究的相关成果发展起来的，指出了资源环境承载力预警是在资源、环境、人口等关键点上进行的超限预警，并从自然基础状况、资源利用、环境影响等方面进行预测。

1. 资源承载力预警

傅伯杰（1993）提出了以区域可持续发展能力为基础的区域生态环境风险预警评价与预警指标；李宁等（2015）提出了建设集"数据支撑-承载力评估-决策支持"的水资源环境承载力监测预警平台，以应对超载情况进行预警；Liu 等（2017）建立了包括水资源供需平衡、社会经济、农业生产和生态环境 4 个方面的胁迫评价指标体系，对河北省 2000—2013 年 11 个行政区域的水资源承载力进行预警研究；叶有华等（2017）在小尺度水平上构建了资源环境承载力预警评价指标体系，对资源环境承载力整体—局部的分配问题进行了探讨；解钰茜等（2019）运用景气指数法构建针对我国环境承载力的预警方法体系，对我国 2001—2014 年环境承载力预警进行了实证研究;徐美等(2020)在构建湖南省资源环境承载力预警指标体系时,从资源承载力、环境承载力及生态承载力3个方面出发,采用径向基函数神经网络模型预测了警情演变趋势;龙秋波等(2020)从自然水循环和社会水循环两个层面,基于水资源承载力风险监测预警内涵、模型、警报和体系框架,提出耦合水资源承载力状态与风险预警等级的理论模型;黄佳聪等(2010)认为智能算法具有学习非线性问题的能力,可有效优化环境模型结构与参数,结合太湖地区的蓝藻水华预测,提出了将遗传算法与神经网络技术相结合的方法,用于改善水质监测模型的准确性;安晶潭等(2016)认为畜禽养殖污染是造成非点源污染的主要原因,对制定畜禽养殖业发展战略有一定的参考价值,以大理州为案例,建立符合大理州特点的畜牧业资源环境承载力评价指标体系,并应用系统动态与模糊预警技术对大理州的畜牧业资源环境承载力进行预测预警研究;陈晓雨婧等(2019)在综合考虑国家不同部门出台政策的基础上,构建了甘肃省资源环境承载力监测预警指标体系,采用基于AHP(analytic hierarchy process,层次分析法)-熵权法的综合赋权确定权重,对甘肃省各县级行政区资源环境承载力进行了综合分析研究;刘玉洁等(2020)以西藏"一江两河"地区为例,对水资源、土壤和生态等资源的承载力进行了定量计算,通过定量评估的结果,建立了资源承载力的监测预警系统;徐美等(2020)运用灰色关联投影法模型对湖南省资源环境承载力警情进行现状分析,进而用径向基函数神经网络模型对湖南省资源环境承载力警情演变进行趋势预测;封志明等(2021)建立了西藏地区"生态环境适宜性划分-资源承载力限制性分类-社会经济适应分等-资源和环境承载力预警等级"的立体四面体模式。这些理论和技术手段对于我国水资源承载力预警的研究具有一定的参考价值和指导意义。

金菊良等(2018)认为水资源承载力预警体系包括3个层面:一是水资源承载力与预警体系,二是水资源承载力预警指标、水资源承载力预测与评价、水资源承载力预警、水资源承载力预警、水资源承载力控制措施,三是对水资源承载力的警情、警兆、警戒度、警限、警源等进行了细化。警兆指数为反映或影响水动力警情变化的警兆指标,从明确警义到界定警戒度级别都离不开警兆指数。在认识到水资源承载力的综合属性后,警兆指数由一个单一的指标逐步扩大到涉及社会、经济、资源、环境等多个子系统的综合评价体系,因此,如何选择预警指数就成为一个非常有意义的问题。王慧敏等(2001)(应用系统动力学预警法并以实例为基础)对流域可持续发展进行了新的分析,刘恒等(2003)提出了动态、静态相结合的区域水资源可持续利用评价指标体系;邓绍云等(2004)提出了一个包括目标层、规范层和指标层3个级别的区域水资源可持续利用预警指标体系,并对评价指标体系进行了初步预测;宋松柏等(2004)应用神经网络技术,对中国汉中平坝区、中国淮河地区的水资源可持续利用度进行了研究;文俊等(2006)对区域水资源系统、区域水资源可持续利用、区域水资源可持续发展的预警评估问题等进行了分析,并对区域水资源可持续利用进行了研究;贾滨洋等(2008)选取了水资源承载力、水环境承载力、大气环境承载力、土地承载力和生态承载力5个一级评价指标和若干个二级指标,对成都市资源环境承载情况进行评判和预警。

2. 水资源预警方法

吴开亚等(2009)提出了利用加速遗传算法进行模糊层次分析法筛选指标,以BP(back

propagation,反向传播)神经网络的滚动预报技术、集对分析法为基础构建一套适合于可变模糊集的"水安全评估标准"的相对隶属度函数,并构建了一个智能综合模型;王耕等(2013)运用系统动力学理论,构建了辽宁省城市综合生态安全预警模型,并应用VENSIM软件对2010—2020年度辽宁省城市生态安全预警指标进行了分析和评价;李明等(2015)采用多维状态空间法对海域理想状态承载力以及现实的承载状况进行了定量研究,以BP神经网络为基础,构建了海洋环境承载状态模拟预警模型,并与场景分析方法相结合,模拟山东海洋环境承载情况;徐卫华等(2017)对生态承载力与预警的内涵进行了深入探讨,从预警的视角对它进行了分析,并结合京津冀地区进行了实证分析;徐勇等(2017)提出建立资源环境承载力监测预警机制,严格限制超载区是国家深化改革的重要内容,并在此基础上构建了超载成因分析总体框架,阐述并系统地梳理和归纳了关键因素的识别与分析方法,并将它运用于京津冀地区;马丁(2018)运用统计归纳和暴雨临界曲线方法,对小流域的山洪预警指标及预警流程进行了应用研究;Yang等(2021b)首次提出了极限水资源承载力和水资源承载预警相结合的方法,引入水资源承载主体和客体的协调发展指数作为水资源承载力预警的指标,对南京市进行实证研究;Zhang等(2021)采用指标体系法和系统动力学相结合的方法,对招苏台河铁岭市控制单元水环境承载力进行评价和预警;樊杰等(2015)以土地资源压力、水资源利用强度、环境胁迫、植被盖度等为基本指标,以城市化、农业、牧业、生态地区为主要指标,以灰霾污染程度、耕地面积增减状况、草畜平衡指数、生态环境质量变化状况为专项指标,构建了区域和海域差别化预警指标体系和技术流程;周伟等(2015)选择了土地、海洋、水、地质环境为主要要素,构建了含4个目标层、9个准则层、37项指标的预警指标体系,针对陆海统筹背景对广西开展资源环境承载力监测预警工作并提出针对性的建议;朱玉林等(2017)构建了长株潭地区生态承载力安全风险评估指标体系,在此基础上对2006—2015年的生态承载力安全性和生态承载力进行了评估;叶有华等(2017)和包晔等(2014)分别从土地资源承载力、水资源承载力、生态资源承载力、地表水环境承载力、海洋环境承载力、大气环境承载力、固废环境承载力、交通承载力、旅游承载力等要素层构建了一个包含21项指标的资源环境承载力评价体系,兼顾资源、环境和生态属性,构建了包括水资源、水环境、生产性用地及生态用地在内的区域水土资源承载力监测预警指标体系;刘志明等(2019)选用Logistic对数承载模型测算了宜昌市水资源承载现状,采用GM(1,1)灰色预测模型预测了宜昌市2020—2030年的水资源承载力,并针对预测结果提出了对策和建议。

为了更全面、更客观地评价和分析水资源承载力,笔者运用科学计量学、计算机绘图原理,建立了知识图谱可视化分析法(cite space),从国内外相关文献的理论水平上追根溯源(Synnestuedt et al.,2005;侯剑华等,2013),并在此基础上对我国水资源承载力的研究进行了深入的探讨。知识图谱(mapping knowledge domain)是一种新的研究理论和方法,能直观地展示出某个研究领域的基础、热点和前沿,并能从研究文献中反映出这一课题的发展过程(陈悦等,2005;Chen et al.,2022)。20世纪八九十年代,知识共享和学术交流开始盛行,推动知识共现、学术交流的国际会议和国际刊物不断发展并日趋成熟(Chen et al.,2013;刘则渊,2019);进入21世纪,信息科学、计算机图形学、模式识别等学科与科学计量学的交叉和融合发展,形成了知识图谱的理论和方法。

Wei 等(2021)以 CNKI(China National Knowledge Infrastructure,中国知识基础设施工程)数据库中 2001—2021 年的期刊文献作为研究对象,检索主题为水资源承载力,时间跨度为 2001—2021 年,勾选"核心期刊"选项,检索得到 3299 篇文献,再通过人工筛选和整理,剔除会议通知、栏首语、信息与文摘等类型的文献,最终得到 3011 篇文献。对 CNKI 中文文献进行整理汇总,得到研究期间水资源承载力领域中文文献发表数量折线如图 1.1 所示。

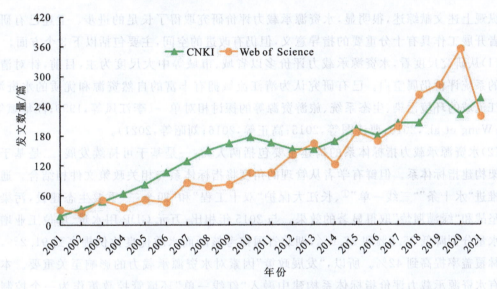

图 1.1 2001—2021 年国内外数据库的水资源承载力研究发文量数据图
(Wei et al.,2021)

在我国面临水资源短缺和经济快速增长的双重压力下,国内的学者更早关注于水资源对经济社会发展支撑作用的研究,但在 2013 年后,水资源承载力的研究更受国内外学者的重视,发文数量增长较快。

由图 1.1 可见,中文文献研究的趋势阶段性更加明显,大致可以分为 3 个阶段:①2001—2010 年,水资源承载力相关研究文献量增速较快,可能是由于中国于 2001 年加入了世界贸易组织,随后中国经济开始强劲增长(陶文钊,2018;国际统计信息中心课题组等,2001),水资源在经济和社会发展中的约束作用逐渐显现,因而,水资源承载力的研究受到越来越多的重视;②2011—2013 年,由于大量的大型水利工程如南水北调、三峡大坝等工程的完成投产,我国的水资源供需失衡状况得到了很大的缓解,水资源承载力的研究热度有所降低(胡永江等,2021);③2014—2021 年,在"绿水青山就是金山银山"等绿色发展理念提出和最严格水资源管理体系制定的背景下,水资源承载力的研究进入了一个新的发展阶段,它的内涵更加丰富,更加注重经济、社会、生态和环境的综合承载力,相关研究的文献数量也快速地增加了,这一领域的研究也进入了快速发展的阶段。

从研究内容来看,外文相关文献研究大致分 3 个阶段:①2001—2008 年,水资源领域的研究开始向社会风险和社会挑战的系统研究转变,水资源承载力概念逐渐受到关注(Jia et al.,2006);②2009—2015年,关于水资源承载力的研究越来越多地集中在加强水资源管理(Denicola et al.,2015)和可持续发展的生态水文学等领域;③2016—2021年,水资源承载力的研究与水、生态和人类未来发展的主题相吻合(Sun et al.,2017),并得到了迅猛发展。

1.2.3 文献评述

纵观上述文献综述,很明显,水资源承载力评价研究取得了长足的进步。上述已有研究对笔者开展工作具有十分重要的指导意义,但仍有改进的空间,主要包括以下3个方面。

(1)从研究尺度看,水资源承载力评价多以省域、市域等中大尺度为主,目前,针对清江流域的系统评价仍属空白。已有研究认为清江流域拥有丰富的自然资源和优质的水资源,对清江流域的环境污染、生态系统、旅游资源等的探讨相对单一(李江风等,1999;汪华斌等,2000;Wang et al.,2010;曹诗图等,2015;高正等,2016;刘昭等,2021)。

(2)水资源承载力指标体系的构建主要包括两大类:一是基于可持续发展,二是基于模型框架构建指标体系。但鲜有学者从管理的角度将指标体系与相关政策文件相结合。通过持续推进"水十条""三线一单"①、长江大保护"双十工程"和"四个三"重要生态建设,污染防治攻坚战和"绿满荆楚"取得显著的效果。与2015年相比,万元GDP用水量、单位工业增加值用水量分别降低35.6%和27.6%,湖北省国控考核断面水质优良比例提高到91.2%,全省森林覆盖率提高到42%。所以,"发展政策"因素对水资源承载力的影响至关重要。本书在已有水资源承载力评价指标体系构建中融入"红线一单"环境管控政策作为一个控制目标,超过该目标就代表了水资源承载力超载,水资源-水环境-水生态系统的平衡可能就会被打破。

(3)有关水资源承载力演变趋势的预警评价研究仍显不足。目前,国内外对水资源承载力预警的重要性已经达成共识,关于预警研究的理论和方法已较为成熟,应用领域也在不断拓展之中,但在水资源承载力方面的应用还处于起步阶段,目前所进行的水资源承载力预警研究多集中于静态评价,对水资源承载演变状态与预警等级对应关系、危机何时出现等问题探讨较少。水资源承载力监测预警是我国生态文明建设和可持续发展的重要保障。中共中央办公厅、国务院办公厅、国家发展和改革委员会等都明确提出要开展资源环境承载力监测预警工作,同时,还提出了对资源环境承载力和预警水平的综合控制,把资源环境承载力风险预警放到了政策实施的高度。对水资源承载力预测、监测、预警等内容的相关探讨将成为未来相关研究的重要趋势。

---

① "三线"指生态保护红线、环境质量底线、资源利用上线,"一单"指生态环境准入清单。

1.3 研究内容与研究方法

1.3.1 研究内容

基于生态文明建设的总体要求和长江经济带绿色高质量发展战略，笔者瞄准清江流域水资源量、水环境、水生态保护的需求，通过对清江流域水资源有关样本和数据资料的调查，探讨清江流域水资源开发利用过程中复杂系统的关键问题，构建适合清江流域特征的水资源承载力评估指标体系，对清江的发展潜力进行研究，并与承载状况、动态仿真结果相结合，对其资源承载力进行预警，并给出相应的政策建议。

1.3.2 研究方法

在广泛搜集和分析国内外相关文献研究的基础上，笔者深入归纳总结已有文献中具有重要参考价值的研究成果，广泛借鉴和运用可持续发展、资源与环境经济学、宏观和微观经济学、生态经济学、区域经济学和自然资源科学等理论。总体来讲，本书采用了以下研究方法。

（1）文献分析法。综合国内外有关水资源配置管理经验与启示的相关文献，总结水资源优化配置的理论研究成果，厘清这些研究对提升清江流域水资源承载力的实用价值与现实意义，在此基础上探寻适合当前清江流域水资源承载力的理论框架和评价体系。

（2）实地调研和案例分析。选择清江流域展开实地调研，考察一些地区环境保护、水资源承载力、水资源配置利用等方面的情况，搜集相关历史数据，并通过调查访谈获取不同区域政府部门、企业组织对提升水资源配置和划定水资源开发保护区划的意见与建议。

（3）定性分析与定量分析相结合的方法。定量分析方法包括极差法、熵权法、TOPSIS、时差相关分析法、突变级数法等，依据清江流域水资源承载力现状、驱动力和影响因素，分析评价现有的水资源配置政策和实施效果，为寻求符合清江流域地区水资源优化配置和划定水资源开发保护区工作提供参考依据，并在定量分析的基础上，对实证分析结果进行定性描述与归纳总结。

本书的技术路线如图1.2所示。

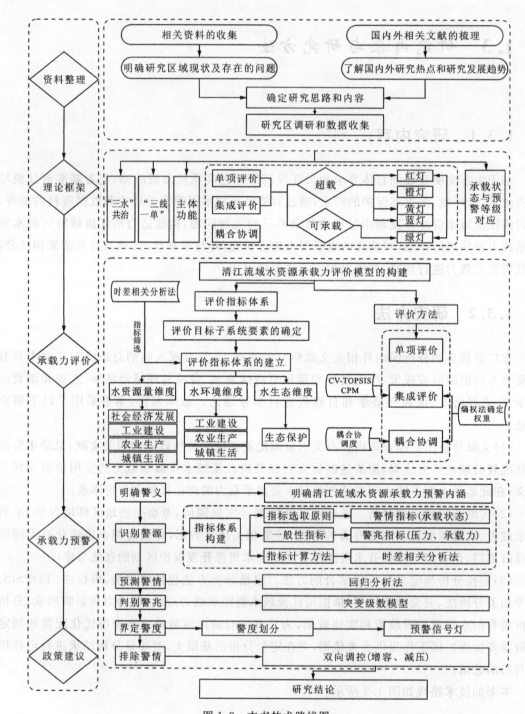

图 1.2 本书技术路线图

1.4　主要创新点

本书的创新点主要体现在以下 3 个方面。

(1) 从全流域角度对清江开展水资源承载力评价,挖掘相应定额目标下的水资源承载潜力。已有的流域水资源承载力研究多是从省域、市域等大中尺度展开,而本书分别从 10 个县市和全流域展开水资源承载力评价,结合清江流域水资源承载力科学评价内涵,以"三线一单"等定额指标为基础,研判清江流域水资源的承载潜力。

(2) 水资源承载力评价指标体系与管理政策相结合。根据清江流域主体功能区的区域差异性特点,通过定量方法,调整了一般性评价指标体系,建立了不同类型的差异性评价指标体系,并将它与环境控制政策相联系,确定了"红线"的限制值。

(3) 清江流域水资源承载力评价体现承载状态与预警等级的对应关系。预警是一种更高层次意义上的预测和评价,通过对清江流域水资源承载力进行单项和集成评价,结合 CPM 隶属函数,判断清江流域水资源承载力现状及未来趋势是否会处于警戒状态,并对危害发生可能性进行预判。

第2章 清江流域水资源系统特征分析

2.1 清江流域地理概况

根据2020年颁布的《湖北省清江流域水生态环境保护条例》,清江流域包括恩施州的利川市、恩施市、建始县、巴东县、咸丰县、宣恩县、鹤峰县与宜昌市的长阳土家族自治县(以下简称长阳县)、五峰土家族自治县(以下简称五峰县),宜都市境内清江干流及其支流汇水面积内的水域和陆域,即恩施段与宜昌段。清江,古称夷水,又称盐水,流域涉及的10个县市共有常住人口408.46万人,流域面积达1.7万 km^2(图2.1)。

清江是长江出三峡后的第一条一级支流和湖北省境内仅次于汉江的第二大支流,且因流经地区山多人稀,水质总体状况良好。清江流域拥有丰富的生态自然资源,为生态敏感区。清江流域大部分县市的地形地貌以山地为主,少数为丘陵和平原。宜都市的平均海拔最低(仅223m),且海拔高差较小,地势较为平坦,以丘陵和平原为主。五峰县、利川市、建始县、巴东县、宣恩县和鹤峰县6个县市的平均海拔超过1000m且海拔高差较大,其中巴东县的海拔高差高达2938m,地势陡峭,主要为山地和丘陵。清江流域各县市的地形坡度以较缓坡地和陡坡地为主,存在少部分缓坡地和极陡坡地。近年来,随着人口增长和经济快速发展,特别是流域内工农业生产及旅游业的兴起,虽然清江流域有着较高的资源环境承载力禀赋,生态环境质量相对较高,但从历史维度看,清江流域的生态环境质量明显呈下降趋势。然而,清江流域的水资源不仅要承载其自身的发展,更要考虑湖北省、长江流域乃至全国的发展,确保一江清水绵延后世、永续利用,为长江经济带的可持续发展提供强有力的支持,加快长江经济带生态安全战略的转变,加快实现资源节约型、环境友好型社会的目标。通过水资源承载力监测预警明确水资源承载力的实时状态并在事态严重时发布紧急预警,有利于认清江水资源的紧迫态势,有助于培养全民节水意识。

水资源承载力评价不仅仅包含了水资源-环境生态系统,还包含了由人口、经济、社会、水资源和生态环境共同组成的系统。从系统关系的角度分析,水资源系统的不合理开发利用可能会污染环境、破坏生态系统、制约区域经济发展,而适度地开发利用水资源则是实现区域高质量发展的前提,合理配置水资源是实现区域高质量发展的关键要素;生态环境系统为社会系统提供生存环境,是水资源承载力系统的重要组成部分,良好的生态环境是区域高

第 2 章 清江流域水资源系统特征分析

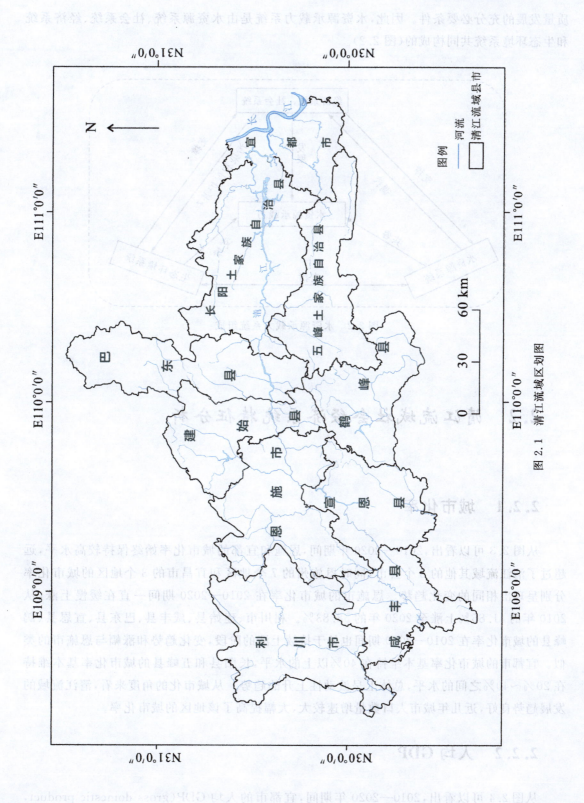

图 2.1 清江流域区划图

质量发展的充分必要条件。因此,水资源承载力系统是由水资源系统、社会系统、经济系统和生态环境系统共同构成的(图2.2)。

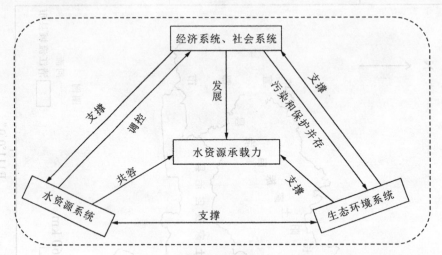

图 2.2 水资源承载力系统组成

2.2 清江流域社会经济系统特征分析

2.2.1 城市化率

从图2.3可以看出,2010—2020年期间,恩施和宜都的城市化率始终保持较高水平,远超过了清江流域其他的8个县市,同时恩施州的7个地区和宜昌市的3个地区的城市化率分别呈现出相同的变化趋势。恩施市的城市化率在2010—2020期间一直在缓慢上涨,从2010年的41.85%上涨至2020年的58.83%。利川市、建始县、咸丰县、巴东县、宣恩县、鹤峰县的城市化率在2010—2020期间也处于持续上涨的阶段,变化趋势和涨幅与恩施市的类似。宜都市的城市化率基本维持在40%以上的水平,长阳县和五峰县的城市化率基本维持在20%~40%之间的水平,总体上呈波动性上升的趋势。从城市化的角度来看,清江流域的发展趋势良好,近几年城市人口数量增速较大,大幅提高了该地区的城市化率。

2.2.2 人均GDP

从图2.4可以看出,2010—2020年期间,宜都市的人均GDP(gross domestic product,

第 2 章 清江流域水资源系统特征分析

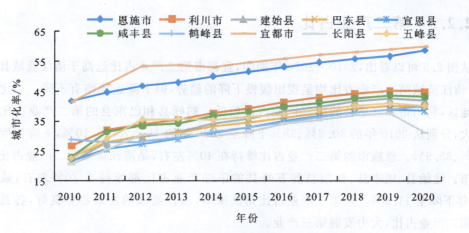

图 2.3 2010—2020 年清江流域各县市的城市化率

国内生产总值)始终保持较高水平,且涨幅较大,远超过了清江流域其他 9 个县市,同时清江流域 10 个县市的人均 GDP 均呈现出相同的变化趋势。宜都市人均 GDP 一直在大幅上涨,从 2010 年的 47 698 元增加到 2020 年的 167 236 元,增长率为 250.61%。恩施市、利川市、建始县、咸丰县、巴东县、宣恩县、鹤峰县、长阳县及五峰县的人均 GDP 也处于持续上涨的阶段,变化趋势与宜都市的类似,但增长幅度远小于宜都市。2019 年这些地区的人均 GDP 分别为 48 516 元、30 426 元、28 472 元、29 539 元、25 649 元、30 976 元、32 706 元、41 300 元和 41 716 元。从数值上也可以看出这 9 个地区的经济发展水平远赶不上宜都市的发展水平。从人均 GDP 的角度来看,与同类型地区相比,清江流域的发展处于较缓慢的状态,主要原因是清江流域在推动经济发展的同时注重生态环境保护。

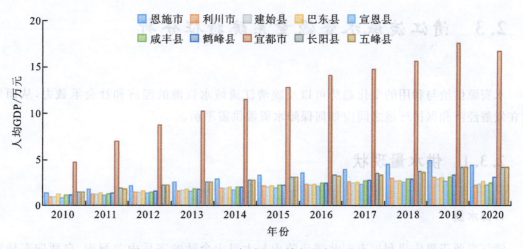

图 2.4 2010—2020 年清江流域各县市的人均 GDP

2.2.3 第二产业占比

从图 2.5 可以看出,2010—2020 年期间,宜都市第二产业占比远高于清江流域其他县市的,且清江流域第二产业占比均呈现出缓慢下降的趋势,但下降速率略有不同。相比于其他几个地区,利川市和宣恩县的第二产业占比较低。鹤峰县和巴东县的第二产业占比下降幅度较大,分别从 2010 年的 30.2%、38% 下降至 2020 年的 16.5%、25.10%,下降幅度分别为 45.4%、33.9%。恩施市的第二产业占比维持在 40% 左右,是清江流域第二产业占比第二高的县市。建始县、咸丰县、长阳县和五峰县的第二产业占比都维持在 20% 左右,咸丰县在 2020 年下降至 11.3%。从第二产业占比角度来看,清江流域的发展趋势良好,各县市都在降低第二产业占比,大力发展第三产业。

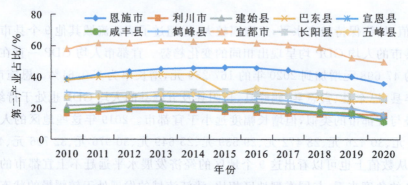

图 2.5　2010—2020 年清江流域各县市第二产业占比

2.3　清江流域水资源量系统特征分析

水资源供给与利用的变化趋势可以反映清江流域水资源的经济和社会承载力,从而探索在发展经济和保护环境之间应如何保障水资源供需平衡。

2.3.1　供水量现状

1. 降水量

清江发源于恩施州利川市东北部武陵山与大巴山余脉的齐岳山龙洞沟,自西向东横跨云贵高原边缘的鄂西群山,在宜昌市的宜都市陆城汇入长江,其干流全长 423km,总落差 1430m,是长江在湖北省的第二大支流。清江流域地处西南低涡频繁经过的路径上,不仅暴雨多发,而且由于地处鄂西南山地,其地形对东南或西南暖湿气流的抬升作用十分明显,因此,清江全流域常年降水量较大(图2.6)。

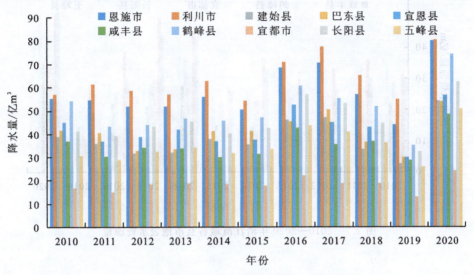

图2.6　2010—2020年清江流域各县市降水量

从清江流域10个县市2010—2020年的降水量来看,大部分县市年均降水量都超过40亿 m³。其中:宜都市因地理位置的原因,其年降水量明显低于其他县市,基本维持在20亿 m³ 左右;位于清江流域上游的恩施市和利川市是流域降水量最丰富的地区,年平均降水量达到60亿 m³ 左右。从时间维度来看,各县市年降水量呈整体上升趋势,除宜都市以外,清江流域各地区2020年的降水量相比2010年的普遍有10亿～20亿 m³ 的增幅。

2. 地表水资源量

降水量的变化也体现为清江流域地表水资源量的变化。各县市地表水资源量统计数据显示(图2.7),历年地表水资源量与降水量有较大相关性,无论是各县市还是清江全流域的地表水资源量在2010—2020年都呈现上升趋势。其中因2020年清江流域多处降水量增加,流域地表水资源量最大值出现在2020年,为390亿 m³ 左右,相比2010年的229亿 m³ 上升了70%。

同时,分县市来看,恩施市、利川市、鹤峰县是地表水资源最丰富的3个地区,2020年地表水资源量分别达到51亿 m³、50亿 m³ 和52亿 m³,也是仅剩的清江流域地表水资源量超过50亿 m³ 的3个地区;而宜都市在清江流域中是历年地表水资源量最低和年平均降水量最少的地区,2020年地表水资源量为15亿 m³ 左右,明显低于其他地区;建始县、巴东县、宜恩县和长阳县的2010—2020年地表水资源量及变化趋势较为相似,长阳县的地表水资源量相对略高于其他3个地区,而咸丰县和五峰县的情况较为相似,处于20亿 m³ 左右的水平,略低于清江流域的平均水平。从2010—2020年地表水资源量和降水量的变化趋势来看,清江流域地表水资源量与降水量紧密相关。

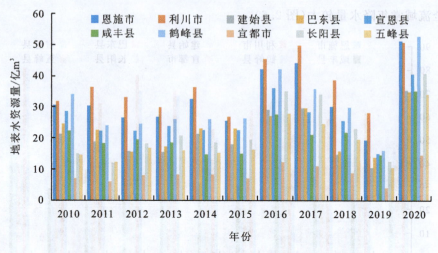

图 2.7　2010—2020 年清江流域各县市地表水资源量

3. 地下水资源量

从清江流域各地区地下水资源量统计数据来看，流域地下水资源量整体呈缓慢上升趋势，地下水资源量变化平稳向好。清江流域因地表水资源丰富，流域用水主要来自地表水资源，地下水资源用量较少，总量相对稳定。

分县市来看，地下水资源最丰富的为恩施市、利川市和巴东县，2020 年的地下水资源量分别达到 11.85 亿 m³、11.83 亿 m³ 和 10.40 亿 m³，10 年平均地下水资源量超过 10 亿 m³（图 2.8）。对比地表水资源量数据可以发现，巴东县和长阳县的地表水资源量低于清江流域的平均水平，而地下水资源量则相对高于清江流域的平均水平，恩施市和利川市无论是地表水资源量、地下水资源量还是年降水量都处于流域领先位置，水资源量总体最高。

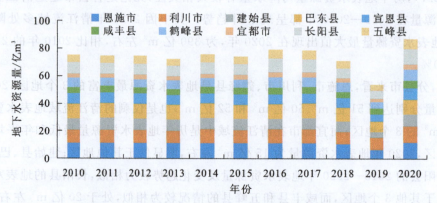

图 2.8　2010—2020 年清江流域各县市地下水资源量

2.3.2 用水量现状

从用水总量来看,2020年恩施州、宜昌市的用水总量分别为5.469 9亿m³、14.91亿m³(其2020年目标值分别为6.68亿m³、22.4亿m³),其中清江流域各县市的总用水量分别为恩施市0.879 6亿m³、利川市0.797 0亿m³、建始县0.438 1亿m³、巴东县0.450 1亿m³、宜恩县0.364 0亿m³、咸丰县0.432 7亿m³、鹤峰县0.284 2亿m³、宜都市1.676 5亿m³、长阳县0.566 4亿m³、五峰县0.257 0亿m³(图2.9)。2020年清江流域恩施段用水量约3.645 7亿m³(约占当地用水总量的66.65%),宜昌段用水量约2.499 9亿m³(约占当地用水总量的16.77%),均低于其2020年目标值。目前,清江流域用水总量问题并不突出。

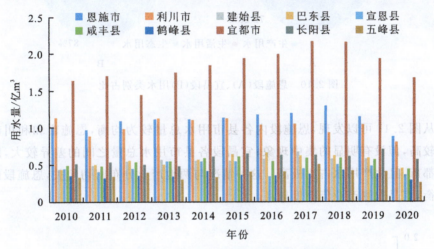

图2.9 2010—2020年清江流域各县市用水量

从用水效率(表2.1)来看,恩施段、宜昌段单位工业增加值用水量分别为50.4m³/万元、32m³/万元,均高于其2020年目标值(恩施段、宜昌段分别为44.1m³/万元、30m³/万元);恩施段、宜昌段农田灌溉水有效利用系数分别为0.53、0.53,均低于其2020年目标值(恩施段、宜昌段分别为0.54、0.58)。由此可见,清江流域整体用水效率不高。

表2.1 恩施段、宜昌段用水效率

用水量指标	恩施段	宜昌段
人均总用水量/m³	162.75	382
万元GDP用水量(当年价)/(m³·万元⁻¹)	68.3	41
农业灌溉亩均用水量/(m³·亩⁻¹)	193.4	276
农田灌溉水有效利用系数	0.53	0.53
单位工业增加值用水量(当年价)/(m³·万元⁻¹)	50.4	32
城市人均生活用水/(L·d⁻¹)	156	154
农村人均生活用水/(L·d⁻¹)	90	100

从用水类别(图 2.10)来看,恩施段生产用水、生活用水和生态用水的占比分别为 72.28%、26.62%和 1.10%,宜昌段生产用水、生活用水和生态用水的占比分别为 87%、12.70%和 1.10%,均明显表现出以生产用水为主和生态用水严重不足的现象。

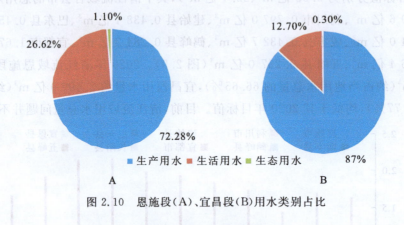

图 2.10　恩施段(A)、宜昌段(B)用水类别占比

同时从图 2.11 可以发现,恩施段内各县市用水总量较为均衡,恩施市和利川市的用水总量相对较高,但没有明显的集中现象;宜昌段各县市用水总量之间的差异较大,用水主要集中在宜都市,且生产用水占比极高。这种情况与两地产业分布密切相关,恩施段的产业分布相对均衡,宜昌段则产业集中度较高。

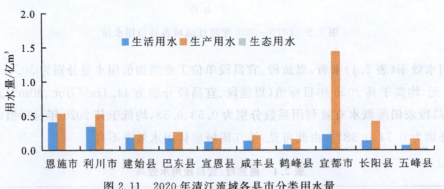

图 2.11　2020 年清江流域各县市分类用水量

从用水产业(图 2.12)来看,恩施段第一产业、第二产业和第三产业的用水量占比分别为 59.94%、20.96%和 19.10%;宜昌段第一产业、第二产业和第三产业的用水量占比分别为 47.39%、42.22%和 10.39%。在恩施段的生产用水中,第一产业用水占绝大部分,反映以农业为主,工业为辅,服务业发展相对落后的产业发展现状;宜昌市各产业用水量之间差距相对较小,符合产业结构以工业为主,服务业为辅,农业占比较低的现状。

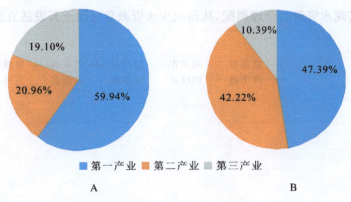

图 2.12　2020 年恩施段(A)、宜昌段(B)各类产业的用水量比例

2.3.3　人均地表水资源

由图 2.7 可知清江流域各县市 2010—2020 年的地表水资源总量变化趋势：恩施市、利川市、建始县、巴东县、宣恩县和咸丰县的地表水资源量在 2013—2016 年呈上升趋势，在 2016—2019 年呈现下降趋势；宜都市、长阳县和五峰县的地表水资源量在 2013—2019 年一直稳步上升。

由此可以看出，在清江流域各县市中，恩施市、利川市和鹤峰县的地表水资源量大，但是近些年的地表水资源量呈现下降趋势；长阳县的地表水资源量较大，且近些年的地表水资源量呈上升趋势；建始县、巴东县、宣恩县、咸丰县的地表水资源量较小，且近些年呈下降趋势；宜都市和五峰县的地表水资源量小，但是近些年的地表水资源量呈上升趋势。各县市的地表水资源分布很不均匀，其中恩施市、利川市、鹤峰县和长阳县的地表水资源总量远比其他县市丰富，而宜都市和五峰县的地表水资源量与其他县市相比则较匮乏。

就水域因子的角度而言，清江流域的开发保护区划不应该只简单地考虑清江流域各县市的地表水资源量，还应该结合人口因素，考虑人均地表水资源量。从图 2.13 可以清楚地看出，在清江流域各县市中，鹤峰县、长阳县和五峰县的人均地表水资源量最高，宣恩县和咸丰县的人均地表水资源量较高，恩施市、利川市、建始县和巴东县的人均地表水资源量较低，宜都市的人均地表水资源量最低。

综上所述，结合清江流域各县市地表水资源量和人均地表水资源量的分析，从水域因子的角度，本书将清江流域各县市国土开发和保护的水资源限制性按区域进行划分（将鹤峰县和长阳县划为水资源限制性低的地区，将宣恩县、咸丰县和五峰县划为水资源限制性较低的地区，将恩施市、利川市、建始县、巴东县划为水资源限制性较高的地区，将宜都市划为水资源限制性高的地区），并在水资源限制性低和水资源限制性较低的地区适度发展农业和建设生态保护区，在水资源限制性较高和水资源限制性高的地区适宜推进城镇现代化，发展高新技术产业和现代服务业等。同时,基于清江流域各县市水资源分布不均匀的结论,应当大力发展水利工程,实现水资源的合理调配,从而减少水资源量对国土开发适宜性的限制。

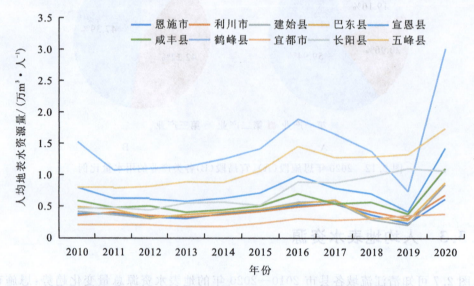

图 2.13　2010—2020 年清江流域各县市的人均地表水资源量

2.4　清江流域水环境系统特征分析

2.4.1　工业废水污染

1. 概述

清江流域工业主要沿江布局,依托清江流域丰富的水利、矿产、森林资源,以隔河岩和高坝洲水利水电工程为首的资源开发利用型工业企业约占全部工业企业的 80%,行业类别以采矿业、制造业、电力、燃气及水的生产和供应业为主。电力是废水排放量仅次于化工的行业。

就长阳县而言,根据相关环保局发布的清江保护调研资料,2010 年,长阳县环境统计重点工业企业数为 40 个,工业总产值 19.95 亿元,工业用水总量 3 510.88 万 t(其中新鲜用水量 1 945.56 万 t,重复用水量 1 565.32 万 t),工业废水排放量为 1 646.46 万 t(其中进入污水处理厂进行深度处理的为 65.05 万 t,直接向环境排放的为 1 581.41 万 t)。这些直排水虽然由各企业自行处理并达标排放,但其中仍含化学需氧量(chemical oxygen demand,

COD)2 135.32t、氨氮 144.55t、挥发酚 0.192t、氰化物 0.272t,这些污染物最终都排入了清江,影响了水环境质量。长阳县的工业废水排放量在 2010 年、2013 年及 2014 年达到峰值后都呈现下降的趋势,目前长阳县的工业废水排放量较低。

2. 工业废水污染的主要问题

在工业生产中,排放污水的危害较大,对清江的水质造成了很大的影响。一些企业的废水治理体系还不够完善,投资少,设备落后,一些小型企业根本就没有废水处理设备,一些工业废水、冶金废水、制药废水、矿山废水等未经处理就直接排放到了清江。水体污染主要包括氮、磷等营养物排放造成的有机物污染。

在城市发展的同时,清江流域还未实现经济发展和环境治理的协调和保护。由于地方政府的财力比较吃紧,在治理环境方面的资金很少,环境投资也很少。一些非法企业,为了自身的利益,偷排、漏排污染物的现象时有发生,增加了污染治理的难度。另外,所采用的工艺技术不能与工业废水特性相结合,导致了污水处理设备不能充分利用,从而形成了资源浪费。

2.4.2 农业废水污染

农业废水主要是指农业灌溉、畜牧业、食品加工等工业废水的排泄。由于有机物浓度高,悬浮物含量大,农业废水呈现出化学需氧量高、氨氮高、总氮高和总磷高的特征。

化肥施用到农田后不会全部被植物吸收和利用。化肥用量过大、使用不规范或化肥利用率不高导致化肥大量流失。调查表明,施用化肥中的 1/3 被作物吸收、1/3 被大气层吸收、1/3 被土壤吸收,土壤中残留的化肥通过农田排水形成农业废水,给水体环境造成污染。这已成为我国巨大的污染暗流。

下面以长阳县为例对清江流域的农业废水污染进行分析。

1. 农业面源污染

从图 2.14 可以看出,2010—2020 年,清江流域的农田化肥使用量逐年减少,但是依然能产生大量的农业废水。根据有关资料,该区域旱地化肥利用率为 45%,农业面源污染流失率为 20%,由此估算出清江流域氮肥流失量为 131 415t,磷肥流失量为 46 941t,钾肥流失量为 28 380t,复合肥流失量为 96 447t。肥料的流失对清江水体的污染有较大影响。

2. 畜禽养殖污染

按照 45 只家禽折合为 1 头猪、3 只羊折合为 1 头猪、1 头牛折合为 5 头猪计算,标猪产生的污染物源强系数取 COD 50g/d,氨氮 10g/d,氮 21.6g/d,磷 6.8g/d,畜禽养殖污染物的入河系数以 12% 计,算出长阳县 2011—2018 年的畜禽养殖污染物入河量结果如表 2.2 所示。其中 COD 污染物入河量的占比最高,是形成农业污水的主要来源,并且最近几年有上升的

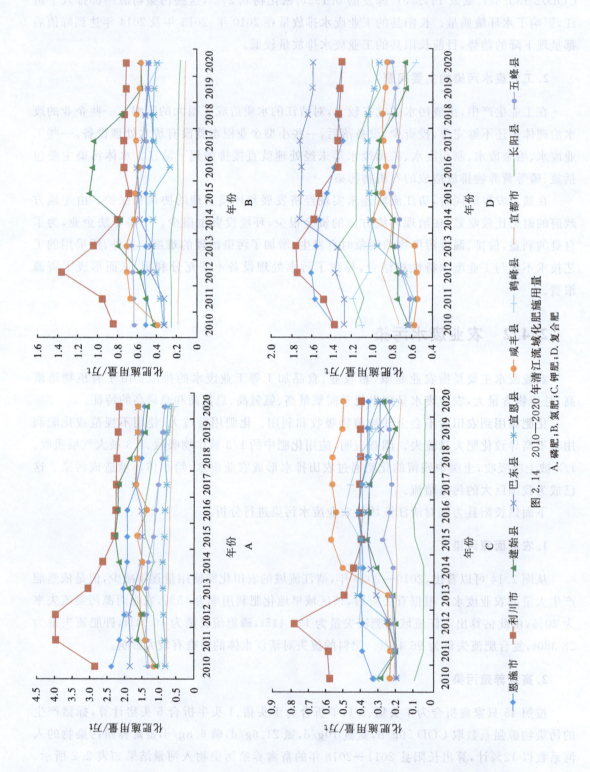

图 2.14 2010—2020 年清江流域化肥施用量
A. 磷肥；B. 氮肥；C. 钾肥；D. 复合肥

趋势。氨氮、氮、磷等有害物质也是构成农业污水的来源，三者的上升趋势不明显，但依然需要引起高度重视。

表 2.2 清江流域长阳县 2011—2018 年畜禽养殖污染物入河量

污染物	污染物入河量/t							
	2011 年	2012 年	2013 年	2014 年	2015 年	2016 年	2017 年	2018 年
COD	141 214.02	146 865.71	151 399.01	150 727.65	147 143.83	146 629.64	145 325.54	124 760.7
氨氮	28 242.80	29 373.14	30 279.80	30 145.53	29 428.77	29 325.93	29 065.11	24 952.13
氮	61 004.46	63 445.99	65 404.37	65 114.35	63 566.13	63 344.01	62 780.63	53 896.6
磷	19 205.11	19 973.74	20 590.27	20 498.96	20 011.56	19 941.63	19 764.27	16 967.45

3. 网箱养殖污染

根据长阳县水产局提供的统计数据，长阳段隔河岩库区有网箱 15 448 口，高坝洲库区约有网箱 5000 口，未办证的网箱数量约占 10%。其中隔河岩库区办证网箱养殖面积 253 470m^2。据调查，长阳地区水产 2014 年投放饲料 13 700t，产量为 21 815t，宜都市投放饲料 14 259t，产量 9600t。考虑鱼体内氮磷含量、投放饵料的氮磷含量、底泥沉积氮磷量及底泥氮磷释放量，并考虑未登记注册的网箱养殖，估算出清江流域长阳段网箱养殖的氮磷污染物总负荷分别为长阳段总氮 813.3t、总磷 132.7t，宜都段总氮 1 055.62t、总磷 173.51t。

2.4.3 生活废水污染

1. 概述

清江流域（除马水河、忠建河、野三河外）内已建成的污水处理工程有 5 个，其中恩施市 2 个、利川市 3 个。根据调查分析，2015 年，清江流域废污水污染物排放量：COD 为 5793t，NH_3-N（氨氮）为 662t。清江流域主要污染物排放（入河）负荷见表 2.3。

表 2.3 清江流域主要污染物入河负荷汇总

污染源	清江流域 COD 年排放量/(t·a^{-1})			清江流域氨氮年排放量/(t·a^{-1})		
	恩施段	宜昌段	合计	恩施段	宜昌段	合计
生活	1607	613.5	2 220.5	217.9	85.4	303.3

生活污水主要由城镇生活污水和农村生活污水两类组成。以下均以长阳县为例,对这两类生活污水及其污染物进行计算说明。

依据2008年《第一次全国污染源普查:城镇生活源产排污系数手册》的"第一分册:城镇居民生活源污染物产生、排放系数"可知,湖北省宜昌市处于全国污染源调查三区五类区域,人均生活污水产生量为140L/(人·d),污染负荷COD为59g/(人·d),氨氮为7.2g/(人·d),总氮为10g/(人·d),总磷为0.63g/(人·d)。2013年长阳县共有非农业人口63 733人。由此估算出2013年长阳县城镇生活污水排放量为325.7万m^3,相应的污染物排放量分别为COD 1 372.5t、氨氮167.5t、总氮232.6t、总磷14.7t。考虑到长阳龙舟坪镇建有中信长阳生态水处理有限公司,日均处理污水量为1.03万m^3/d,2013年全年累计处理水量为370万m^3,城镇生活污水均能得到有效的处理。出水水质按《城镇污水处理厂污染物排放标准》(GB 18918—2002)的国家一级标准控制,即污水中的总氮控制在20mg/L以内、总磷控制在1mg/L以内。由此进行修正后得到2013年长阳县城镇生活污水污染物排放量分别为COD 621.7t、氨氮77.3t、总氮125.8t、总磷7.4t。

农村生活污染源部分参考国务院第一次全国污染源普查领导小组办公室发布的"源强系数说明",即农村人均生活污水产生量按80L/(人·d)计算,污染负荷按COD为16.4g/(人·d),氨氮为4.0g/(人·d),总氮为5.0g/(人·d),总磷为5.0g/(人·d)。2013年,长阳县农业人口为338 484人。由此估算出:长阳县农村生活污水排放量为988.37t,污染物排放量分别为COD 82 026.17kg、氨氮494.19kg、总氮617.73t、总磷54.36t。

2. 生活废水污染的主要问题

随着社会经济的发展、人口总数的增加、生活污水排放量逐年增加,城市污水截污能力严重滞后于社会经济发展速度,加之雨污分流效果不明显,城市生活污水未经处理直排入河,部分污水因设计施工问题不能进入城市污水收集管网……这些问题造成河道水质污染。目前,干流上的恩施市、利川市城区及部分乡镇已建好生活污水处理设施,但城市污水处理厂管网配套不足,干流沿线乡镇污水处理系统不完善,处理能力远远达不到城乡污水处理需求,管网系统不完善,污水收集死角多,污水处理设施设备老化,出水浓度执行一级B排放标准而达不到一级A排放标准,尚需改造升级。清江流域内大部分乡镇还未建成污水处理设施,乡镇污水收集管网及污水处理设施明显滞后,雨水和污水不分流,污水收集处理率低,部分污水直接排放到小溪沟渠并进而汇入清江,导致清江水质变差的趋势增强。宜昌境内沿线12个乡镇,已实现污水集中处理的仅长阳龙舟坪,宜都高坝洲、姚家店3个乡镇,其余9个乡镇需新建污水处理设施,村组集中居民点等均未建设污水处理设施,生产污水、生活污水直排。

清江干流沿线城镇污水处理厂规模不足、标准不高、处理能力有限,管网配套不足,且不少城区还有多段未纳入管网,部分生活污水经过城市下水道未经处理直接排放而流入清江,对城市下游水质有不同程度污染,急需加大污水处理设施的建设力度。2018年,为继续推进恩施州乡镇污水全覆盖工作,恩施州计划新建乡镇生活污水处理项目77个,目前已完成

4个,调试阶段的有17个,在建的有56个,出水浓度全面执行一级A排放标准。恩施州城市污水处理率达到85%以上。三峡库区巴东县5座污水处理厂提标升级工作已基本完成,正在进行工程收尾工作。其中,清江流域宜昌市长阳段有1座污水处理厂,即长阳县城区污水处理厂,污水处理能力现为3万t/d,远期达到5万t/d,而宜都段已建成2座污水处理厂,即高坝洲污水处理厂、陆城污水处理厂。

此外,目前我国人民环保意识还不强,一些不良的生活习惯对生态环境有很大的影响。从2013年针对宜都段8个乡镇100户及2014年针对长阳段11个乡镇101户的调查问卷结果来看,约49%的农户生活垃圾处理情况是堆在房子附近的垃圾堆(长阳约53%,宜都约45%),约38%的农户采取将垃圾燃烧的方式(长阳约41%,宜都约35%),约11%的农户选择将生活垃圾用作肥料(长阳3%,宜都约19%)。由此可见,绝大多数农户都没有正确环保地处理生活垃圾。

2.5 清江流域水生态系统特征分析

清江的生态环境在大规模工程开发中不仅没有遭受破坏,反而因为精心保护而更加和谐、美丽。清江三大梯级电站可替代火电装机400万kW,每年可节约原煤750万t,减少1120万t二氧化碳、12万t二氧化硫的排放;梯级水库库区众多的库湾成为人工湿地,为湿地的动植物提供了良好的环境条件,并在一定程度上增加了适应湿地环境的动植物种类;清江流域有国家森林公园,是湖北省重点景区,隔河岩水库每年可实现上亿元以上的旅游收入。

2.5.1 森林覆盖率及造林覆盖率

从图2.15可以看出,2010—2020年期间,五峰县和长阳县的森林覆盖率始终保持较高的水平,且保持稳定增长;宜都市2016年森林覆盖率下降,后期始终是小幅度增长;2015年,大部分地区的森林覆盖率都有大幅度的增长,其中巴东县、宣恩县、咸丰县及鹤峰县尤为突出,巴东县从2014年的51.15%增长到2015年的71.59%,是增长得最快的地区;到2018年,所有地区呈增长状态,其中建始县、巴东县、宣恩县和鹤峰县出现大幅度增长,巴东县增幅最大,从2015年的61.08%增长到了2018年的77.35%;2010—2020年,10个县市的森林覆盖率整体都略微上涨,但没有太大变化,其中宜都市2019年的森林覆盖率比2013年的低。从清江流域整体上看,森林逐渐恢复,生态环境得到改善,水旱灾害也逐渐减少,森林涵养水资源能力也慢慢变强,人民生活环境得到改善。

清江流域造林是指在某一年度内,对清江流域所有能造林的荒山、荒地、沙丘采用人工播种、植苗、飞机播种等方式进行造林,从而提高清江流域植被覆盖率。

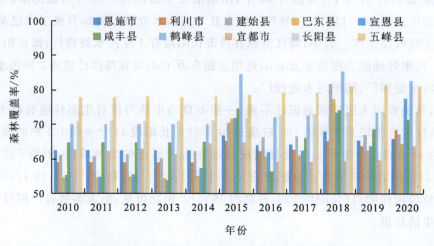

图 2.15　2010—2020 年清江流域各县市的森林覆盖率

从表 2.4 可以看出，2010—2020 年，建始县造林覆盖率始终保持较高水平，且 2010—2017 年的造林覆盖率都持续上升且高于其他 9 个县市，但 2018 年的造林覆盖率急剧下降；2015—2020 年，五峰县的造林覆盖率一直都处于下降状态，而宜都市的造林覆盖率在 2014—2019 年期间一直呈现上升状态；除恩施市和利川市之外，其他地区 2014 年的造林覆盖率都呈下降趋势，尤其是长阳县从 2013 年的 1.56% 直接下降到 2019 年的 0.16%，并在此之后一直处于下降状态；咸丰县的造林覆盖率在 2017 年下降得颇多，从 2016 年的 2.17% 下降到 2019 年的 0.06%；从整体上看，除宜都市外，其他 9 个地区的造林覆盖率都下降了。

表 2.4　2010—2020 年清江流域各县市的造林覆盖率

地区	造林覆盖率/%										
	2010 年	2011 年	2012 年	2013 年	2014 年	2015 年	2016 年	2017 年	2018 年	2019 年	2020 年
恩施	1.07	1.04	1.10	0.97	1.23	0.60	1.51	1.00	0.49	0.08	0.29
利川	0.94	0.90	0.99	0.82	1.15	2.00	1.46	2.26	0.50	0.38	0.44
建始	2.38	2.45	2.32	2.57	2.07	2.88	2.96	3.48	1.48	0.25	0.87
巴东	1.25	1.31	1.20	1.43	0.96	1.19	2.20	1.81	0.91	0.19	0.55
宣恩	1.88	1.92	1.84	1.99	1.69	1.57	1.25	0.57	1.14	0.18	0.66
咸丰	1.58	1.61	1.54	1.68	1.40	2.08	2.17	0.40	0.08	0.06	0.07
鹤峰	1.66	1.70	1.62	1.78	1.46	1.41	1.38	0.96	0.94	0.11	0.53
宜都	1.38	1.43	1.32	1.54	1.10	1.76	2.41	2.72	2.73	2.80	2.77
长阳	1.10	1.25	0.94	1.56	0.32	0.34	0.28	0.20	0.13	0.16	0.15
五峰	1.42	1.44	1.39	1.49	1.29	0.93	0.77	0.48	0.10	0.11	0.11

虽然清江流域的造林覆盖率大体呈下降状态,但森林覆盖率整体呈上升状态。这说明清江流域范围内的植被的生长态势较好,森林资源开始逐渐恢复,不需要极大地依靠植树造林来助力植被恢复。

2.5.2 生态保护红线面积占比

生态保护红线是指在生态空间中具有特定、重要的生态功能,需要严格加以保护的区域。它一般指生态功能极其重要的地区,如水源涵养、生物多样性维护、水土保持、防风固沙、海岸生态稳定、水土流失、土地沙化、石漠化、海岸侵蚀等生态环境敏感脆弱区域。

从表 2.5 中可以看出,清江流域各地区生态保护红线面积占比自 2018 年起均为 52.29%。其主要原因是湖北省人民政府于 2018 年发布了《湖北省生态保护红线》,正式确立了湖北省生态保护红线划定方案。大部分城市的生态保护红线面积占比都进行了调整。其中:宜都市的调整幅度最大,从 2017 年 9.19% 调整到 2020 年的 52.29%;恩施市和利川市的调整变化不大;宣恩县、咸丰县、鹤峰县分别从 60.59%、60.88%、64.08% 均下调至 52.29%。从生态保护红线面积占比可以看出,清江流域近一半的面积都被划定到生态保护红线范围内,这极大地保护了清江流域的生态功能区与生态环境敏感区。

表 2.5 2017—2020 年清江流域各县市生态保护红线面积占比

地区	生态保护红线面积占比/%			
	2017 年	2018 年	2019 年	2020 年
恩施	51.97	52.29	52.29	52.29
利川	51.72	52.29	52.29	52.29
建始	32.42	52.29	52.29	52.29
巴东	44.31	52.29	52.29	52.29
宣恩	60.59	52.29	52.29	52.29
咸丰	60.88	52.29	52.29	52.29
鹤峰	64.08	52.29	52.29	52.29
宜都	9.19	52.29	52.29	52.29
长阳	29.80	52.29	52.29	52.29

2.5.3 生态用水率

生态用水是指在一定的时间和空间内,为了保持各种生态系统的正常发展和相对稳定而必须消耗的水资源,如地表水、地下水和土壤水等。

从图 2.16 可以看出，2010—2020 年清江流域生态用水率总体呈上升趋势。五峰县 2020 年的生态用水率急剧上升至 7.7%，成为清江流域生态用水率最高的地区，主要原因在于 2020 年五峰县受强降水影响，农业用水量下降，总用水量因此下降 36.5%，同时，由于强降水的影响，五峰县遭受山洪袭击，为了疏通河道、排洪泄洪，排水站持续排水，生态用水量上升。恩施市的生态用水率一直稳定上升，是清江流域生态用水率较高的城市。2013 年全流域生态用水率下降，主要原因在于 2013 年清江流域生产用水量上升，导致总用水量上升，同时城镇生态用水量下降，生态用水率下降。利川市、建始县、巴东县、宣恩县、咸丰县和鹤峰县的生态用水率呈波动上升趋势，2020 年都达到 1% 左右。宜都和长阳的水生态用水率较低，其中长阳县从 2018 年开始呈现下降趋势，从 2018 年的 0.77% 下降至 2020 年的 0.02%。

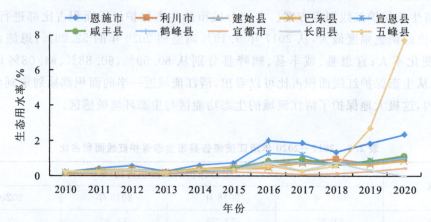

图 2.16　2010—2020 年清江流域各地区的生态用水率

从生态用水率可以看出，清江流域生态用水严重不足，虽然最近几年有所改善，仍需合理规划各行业、各产业的用水量，优化用水结构。

清江流域通过水资源管理、水源岸线保护、水污染防治、水环境治理、水生态修复等重点工作逐渐恢复生态功能，可以利用自然优势和生态人文优势，大力发展生态文化旅游业，适宜打造高质量县域绿色经济体，逐步走上"产业生态化、生态产业化"的发展之路。

第3章 清江流域水资源承载力评价指标体系的构建

流域水生态环境系统的长期稳定健康是社会经济发展的动力源,即水生态环境可以承载经济发展的需求,解决清江流域生态环境问题必须建立底线思维。十八届三中全会通过的《中共中央关于全面深化改革若干重大问题的决定》明确提出要划定生态保护红线。高质量发展是当前社会经济发展的目标,生态环境系统承载力的研究是判断高质量发展的前提之一。怎样保障社会经济的持续高质量发展,调节这个复合的、高度人工化的、不完善的、不稳定的生态环境系统,促使人口、经济、资源和环境四者协调发展,一直是各级政府和学术界高度关注和长期研究的课题。目前,大家已对此有了明确的认识,也就是说,在一定的承载力限制下,确保区域内的人类活动强度发展达到最优(魏超,2015)。

3.1 清江流域水资源承载力评价体系构建的思路

不同流域水资源禀赋和社会经济发展水平差异很大。水资源承载力评价如果只采用普适性模式进行评价,就无法准确地反映研究区的突出问题。因此,建立一个既有共同框架又存在地区差异的水资源承载力评估指标体系,是本书研究的一个重要内容。

因此,本章结合《全国主体功能区规划》及十九届五中全会提出的关于生态文明建设的内容,提出了一种新的评估指标体系,并在该体系的基础上,通过增加新的指标,使之适用于各功能区,从而形成一种更加灵活的指标体系(图3.1),以满足地区发展的差异性需求,以期为后文构建差异化指标体系做铺垫(Wei et al.,2021)。

3.1.1 指标体系的构建应反映"三水"共治任务

党的十九大提出"共抓大保护,不搞大开发",同时要求长江流域必须大力推进生态环境保护修复,坚持"三水"共治(图3.2)。加强环境保护和治理的力度是保证可持续发展、建设生态文明社会的必然选择。人类生存必须依赖生态环境,而工业化的来临,对生态保护红线、环境质量底线、资源利用上线提出了挑战,生态平衡被破坏。一方面,高质量、高效益、高水平的经济和社会发展,必须有一个良好的生态环境作为保证;另一方面,人们对新鲜空气、清洁水源和安全食物的需求日益增长,也就意味着我们的生态环境治理任务变得更为迫切。

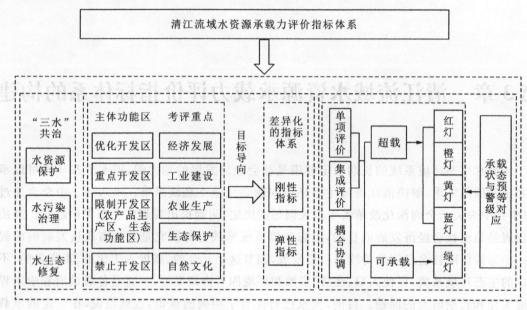

图 3.1　清江流域水资源承载力评价指标体系构建总体思路

强制维护生态保护红线、守住资源利用上线、严守环境质量底线,加大环境治理力度(成金华等,2017)。十九届五中全会公报指出,当今世界正经历百年未有之大变局,加大环境治理力度,要以提高环境质量为核心,实行最严格的环境保护制度,加快推进绿色低碳发展,全面提高资源利用效率。因此,本书基于"三水"共治的目标,分别从水资源保护、水污染治理、水生态修复3个维度构建水资源量、水环境、水生态的承载力评价指标体系。

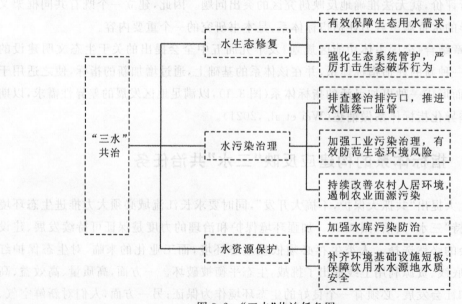

图 3.2　"三水"共治任务图

3.1.2 指标体系的构建应体现主体功能区差异化的考评重点

党的十九届五中全会提出,"坚决实施主体功能区战略,构建国土开发保护新格局……立足资源环境承载力,发挥各地比较优势,逐步形成城市化地区、农产品主产区、生态功能区三大空间格局。"《全国主体功能区规划》将国土空间划分为优化开发区、重点开发区、限制开发区和禁止开发区 4 类。优化开发区是城市化进程最优化的区域,可允许的排放水平相对高;重点开发区的发展重点是对人口和经济稠密地区进行工业化城市化发展,可允许的排放量最高;限制开发区或禁止开发区是指对农业、重点生态区域进行保护,其污染程度较低,对环境品质和污染物排放量有更高的要求,可分农产品主产区和生态功能区。本书研究区(清江流域)包含的区域属于国家限制开发区,其中有少数点状区域,如湖北清江国家森林公园、湖北柴埠溪国家森林公园、湖北五峰后河国家级自然保护区,属于国家禁止开发区。从清江流域所包含的行政区域来看,恩施市、利川市、建始县、巴东县、宣恩县、咸丰县、鹤峰县、长阳县、五峰县均属于限制开发区的生态功能区,宜都市属于限制开发区的农产品主产区。因此,结合《省人民政府关于印发湖北省主体功能区规划的通知》(鄂政发〔2012〕106 号)各发展地区评价的重点不同,可以考虑在各主体功能区之间进行动态添加指标,以形成更加灵活的评价体系,适应不同主体功能区发展的差异化需要(图 3.3),进而体现清江流域限制开发区特色的考评重点。

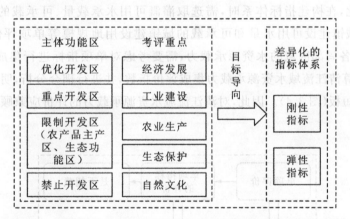

图 3.3 基于主体功能区和考评重点的差异化指标体系构建思路

3.1.3 指标体系的构建应与"三区三线"相衔接

水资源承载力评价是水资源适宜性评价的基础,有助于"三区"空间规划,同时促进水资源优化配置,反过来,水资源优化配置后也能提升水资源承载力,从而形成一个循环的过程。清江流域各县市的空间规划要按照"三区"(城镇、农业、生态空间)的比例实现主体功能定位,以"三线"(生态保护红线、永久基本农田、城镇开发边界)提升主体功能的底线管控要求,因此,在构建水资源量、水环境、水生态的承载力指标体系时,应具体细化到流域水资源对"三区"发展的承载力,以"三线"等定额指标为基础明确清江流域水资源对"三区"发展承载力的潜力,为国土空间规划奠定基础。

2018年6月,中共中央、国务院提出坚持保护优先,落实生态保护红线、环境质量底线、资源利用上线,制定生态环境准入清单("三线一单")的硬约束;到2020年12月,湖北省人民政府加速执行"三线一单"生态环境分区管控的意见;再到2021年11月,生态环境部关于实施"三线一单"生态环境分区管控的指导意见。它们均指出,"三线一单"是习近平生态文明思想在新时期深入推进污染防治攻坚战、加强生态环境源头控制的重要措施。"三线一单"是转变经济发展方式的关键环节,是中国经济高质量发展的客观需求,应该纳入水资源承载力评估的指标体系。"三线一单",简单而言,就是一个控制目标,超过这个控制目标,就超过了水资源承载力,水资源量-水环境-水生态系统之间的平衡将会被破坏。"三线一单"是推进生态环境保护精细化管理、强化国土空间环境管控、推进绿色高质量发展的重要举措,任何持续破坏生态环境的行为都应予以制止。

3.1.4 指标体系的构建兼顾单项评价、集成评价和耦合分析

水资源承载力的单项指标有助于从客观上核算水资源对农业生产、城镇建设和生态系统的承载力,因此,在构建指标体系时,需选取灌溉可用水承载量、可承载的灌溉规模、可承载的耕地规模、城镇建设可用水量和可承载的城镇建设用地规模等单项评价指标。为了总体评价清江流域各局部区域的水资源承载力,需要考虑对单项指标进行集成评价,因而应采用合适的方法测算清江流域水资源承载力集成评价指数,并进行耦合分析,明确"三水"共治中水资源承载力的短板(图3.4)。因此,对清江流域水资源承载力的评价应兼顾单项评价和集成评价。

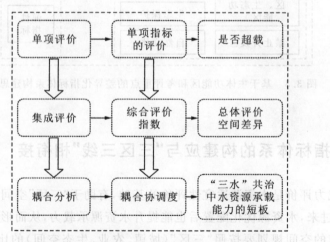

图3.4 单项评价、集成评价和耦合分析思路

3.1.5 指标体系的构建体现承载状态与预警等级的对应关系

预警是一种更高层次意义上的预测和评价。2015年9月中共中央政治局开会讨论通过的《生态文明体制改革总体方案》要求,"建立资源环境承载力监测预警机制,对资源消耗和环境容量超过或接近承载力的地区,实行预警提醒和限制性措施"。2016年9月,国家发展和改革委员会等13部委联合印发《资源环境承载力监测预警技术方法(试行)》,要求各地和相关单位参考,有关评估工作在2017年6月底之前结束。2017年,中共中央办公厅、国务院办公厅印发《关于建立资源环境承载力监测预警长效机制的若干意见》。该文件提出,要对资源、环境的承载力进行监测和预警,对资源和环境的承载力进行全面的控制,把资源、环境承载力的风险预警与评估提高到一个前所未有的级别。建立监督和预警体系体现了我国对社会经济-资源-生态环境大系统的关注,而水生态环境保护是清江生态环境保护的重中之重,是推动清江流域发展的重大决策。构建单一资源-水资源承载力评价模型及监测预警研究不仅剖析了水资源对社会经济、生态环境协调发展的作用机制,而且还从水资源承载力特征的角度反映了生态经济体系中各个因素的相互依存与发展的关系。

水资源承载力评价在新形势下被赋予更丰富的含义和更高的要求,既要进行科学的评估,又要建立起长期的监测和预警机制。从预警的目的来看,它更倾向于对特定异常或不利情况的警示作用,但是,从政策制定的需要出发,针对目前的发展状况,为达到今后的可持续发展目标,及时调整相关政策就显得尤为紧迫。因此,水资源承载力的预警指标应该是对各个区域的水资源超负荷情况进行监控与评估,从而对区域的可持续发展进行诊断与预测,从而制定有针对性的、可操作的限制措施(樊杰等,2017)。水资源承载情况与预警等级对应关系见图3.5。自我国《最严格水资源管理制度》"河湖长制""水生态文明建设""节水型社会建设"等水利法规制度出台以后,清江流域各县市纷纷响应,在各领域取得了不错的成绩,但是

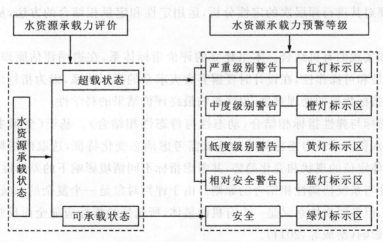

图3.5 水资源承载状态与预警等级的对应关系

距清江流域各县市的规划要求还有距离,所以对清江流域水资源承载力进行预警仿真分析,寻找合适的发展方向是十分必要的。

3.2 清江流域水资源承载力评价指标构建的过程

该评价指标体系多是基于流域承载状态即承载体和承载对象构建的。建立评价指标体系是进行水资源承载力研究的核心内容(刘文政等,2017)。本书拟采用定性与定量相结合的方法确定清江流域水资源承载力评价指标体系。

3.2.1 评价指标体系设计的原则

构建水资源高质量发展指标体系是客观、准确评价的必要条件,要从水资源的特性出发,兼顾水资源的不平衡、水资源的开发利用和地方的科技与文化的不同等方面,同时兼顾水资源的动态和静态特性,综合反映研究区域的环境背景和承载状态,以便于对水资源进行综合管理和调控。清江流域水资源承载力指标体系需要直接或者间接地反映清江流域的生态环境可持续发展性,并挖掘出为支撑湖北省、长江经济带乃至全国更大的潜力。在借鉴国际上对资源可持续利用的基础上,建立科学、实用、简明的指标体系应该遵守的原则如下:

(1)科学性原则。明确每一项指标的含义,充分考虑指标设置的合理性、代表性和整体性,是综合评价结果具有科学性的重要保证。

(2)定性与定量相结合原则。指标评价时尽可能采用定量化的方法,对于不具定量分析条件的问题,要对其进行深层次的定性分析,运用定性和定量相结合的方法,从而保证评估的结果合理。

(3)理论和实践的有机结合。本书建立的评价指标体系,在遵循评估原理的同时,更注重指标的实用性和可操作性,在设计时要摒弃贪大求全的指标体系,因为指标体系过多会提高实际应用中指标数据的处理难度,也将影响最终评价结果的科学性。

(4)刚性指标与弹性指标相结合(动态性与静态性相结合)。基于《全国主体功能区规划》,清江流域水资源承载力指标体系的选取需考虑动态变化特征,选取的指标能反映国家对清江流域总体定位的现状和变化趋势,并考虑指标不同情境影响下的差异性特征。

(5)层次性与系统协调性相结合的原则。由于评判对象是一个复杂的系统,可以把它分解为若干层次,但各层次体系又是一个有机的整体,所选择的指标应能全面反映各要素对水资源承载力的影响(秦成等,2011)。

3.2.2 清江流域水资源承载力一般性评价指标体系

在指标体系初步建立时多数采用定性的方法进行初步选取,接着采用量化的方法进行筛选,最后的评估指标系统被确定。对现有的有关研究进行综述(王友贞等,2005;郭倩等,2017;许长新等 2020;白洁等,2020;Wei et al.,2021),综合考虑水资源、水环境、水生态及社会经济来构建评价指标体系,如根据区域水资源承载体和承载对象的反馈方式和潜力等特点,用 AHP 方法建立目标层、标准层和指标层的水资源评估指数系统(王富强等,2021),各层级之间相互独立,同一层级的指标可能存在平行、协同、独立和对立关系。

定性的方法对总体评估指标进行了初步的界定。在建立清江流域水资源承载力评价指标体系时,首先采用专家咨询、频度统计和理论分析相结合的方式选择了相应的指标。理论分析法的应用是根据城市绿色发展等相关理论结合评价目标的实际情况,选取符合目标发展特点的指标;专家咨询法的应用是将已初步建立的指标体系拿去请教相关领域的权威专家学者,并结合专家意见对逐步建立的指标体系进行完善。

依照本书的研究主题和指标体系的构建思路,基于水资源承载力评价指标的选择原则,结合清江流域所包含的区域基本属于国家重点生态功能区名录范围,所以指标体系中重点考虑农产品主产区和生态功能区的考评重点,设置更多的农业发展和生态建设的指标,借鉴前人研究成果(刘恒等,2003),建立清江流域水资源承载力评价指标体系,具体如表 3.1 所示。

表 3.1 清江流域水资源承载力一般性指标

目标层	准则层	指标层
水资源量维度	社会经济发展	万元 GDP 用水量(C1)
		人口增长率(C2)
	工业建设	单位工业增加值用水量(C3)
	农业生产	有效灌溉面积率(C4)
		灌溉可用水承载量(C5)
		林牧渔用水比重(C6)
		耕地规模(C7)
		可承载的灌溉规模(C8)
		单纯以天然降水为水源的农业面积(C9)
	城镇生活	城镇建设可用水量(C10)

续表 3.1

目标层	准则层	指标层
水环境维度	工业建设	化学需氧量排放量(C11)
		工业废水排放量(C12)
	农业生产	单位面积氮肥施用量(C13)
		单位面积磷肥施用量(C14)
		单位面积钾肥施用量(C15)
		单位面积复合肥施用量(C16)
	城镇生活	生活污水处理率(C17)
		水源地水质达标率(C18)
		地表水断面达到Ⅲ类以上水质的比例(C19)
水生态维度	生态保护	生态用水率(C20)
		城市化率(C21)
		生态保护红线面积占比(C22)

从清江流域水资源特征、开发利用状况、社会经济条件、前人的研究结果等方面选取了与清江流域发展联系紧密且针对性较强的 22 项具体的评价指标（表 3.1）。其中：目标层是单一指标，分别是水资源量、水环境、水生态 3 个维度；准则层分别是不同维度影响水资源可持续利用的因素，主要表现在 5 个方面（社会经济发展、工业建设、农业生产、城镇生活、生态保护）；指标层的评价指标分为正向指标和逆向指标，正向指标越大越优，负向指标越小越优。

3.2.3 清江流域水资源承载力警兆指标的筛选

要实现区域水资源的可持续利用，必须建立一个科学、合理的预警指标体系。预警指标包括警情指标、警源指标和警兆指标。警情指标是指所研究的系统在发展中已有或将来会发生的各种不正常现象，是一个描述性的指标；警源指标是指系统在发展中已有的或潜藏着的"危险"，是警情产生的源头；警兆指标是指在突发事件发生前，警报事件的预兆。水资源承载力预警系统是为了对水资源进行宏观调控的一个重要的理论基础，其特征是可以提前发出警告，以便管理者有充足的时间进行调整和组织实施。要达到这个目标，就需要建立一个合理的预警指标。它也称为先导（先行）指标，可以直接反映预警信息。

预警的依据是警情与评估指标之间的关联性，然而，在水资源系统发展的进程中，与警情相关的各项指标并不总是保持一致的，一项指标的变化往往会比其他指标的变化更早或者更晚，而这些变化则可以由其他的变化来预测。因此，通过指标的变化可以判断警情的发生、发展和突变,从而能准确地把握警情的变化,并作出科学的预警。水资源的预警指标按时间运行可以划分为 3 种类型:先行指标(leading indicator)、同步指标(coincident indicator)和滞后指标(lagging indicator)。运用预警指标进行预警不能仅仅选取单一的指标。单一指标很可能导致预警的错误,因为指标体系是以某种原理为依据的指标集合,是一个有机整体,而非单纯单一指标的组合与叠加,所以必须要有特定的构造方法。通过文献梳理,我们发现预警研究中很少有人注意指标体系构建的方法问题。基于此,本书选用时差相关法筛选警兆指标,为清江流域水资源承载力预警评价作铺垫。

时差相关分析通过时差相关性来找出事物间的时间序列关系,包括先行、同步、滞后 3 种相关关系(胡晓添等,2005;卢洪涛等,2014)。主要原理是将重要的、能够敏感反映系统变化的时间序列作为基准指标,而其他的则是在基准指数前后运动几个单位时间之后,所获得的时间序列与基准指数的相关性,从而能够反映出两个时间序列间的线性关系,并用定量的方法来判定某一序列是否比另一序列更早或更晚(柏继云等,2007)。该关联系数取值范围为[−1,1],0 代表不相关,[−1,0)代表完全的负相关,(0,1]代表完全的正相关。

采用时差相关分析法进行指标分级的步骤:首先选择一个能全面反映目前水资源承载力的预警指标 Y,并将此作为不变的,其次其他选定的指标 X 则在一定时期内与基准指数前后运动,随后计算出运动序列和参考指数之间的相关性,最后得到的最大关联系数的移动年就是这项指标的提前或者延迟年份,并以此来区分优先级和滞后级。该方法具有精度高、数据序列长度低、易于理解的优点。其具体的计算方式如下(刘瑞娟等,2018)。

假设基准指标为 $Y=(y_1,y_2,\cdots,y_n)$,被选指标为 $X=(x_1,x_2,\cdots,x_n)$,时差相关系数为 R,则有:

$$R_l = \frac{\sum_{t=t'}^{n_1}(x_{t+1}-\bar{x})(y_t-\bar{y})}{\sqrt{\sum_{t=t'}^{n_1}(x_{t+1}-\bar{x})^2 \sum_{t=t'}^{n_1}(y_t-\bar{y})^2}} \tag{3.1}$$

其中

$$l=0,\pm1,\pm2,\cdots,\pm\mathrm{MB}$$

$$t=\begin{cases}1 & l\geqslant 0\\1-l & l<0\end{cases}$$

式中,l 表示先行或者滞后时差数,当 $l>0$ 时,表示被选择的指标 X 相对于基准指标 Y 滞后,当 $l<0$ 时,表示被选择的指标 X 相对于基准指标 Y 先行,当 $l=0$ 时,表示选择的指标 X 相对于基准指标 Y 同步;n 代表数据个数;MB 代表移动的年数。

计算指数时,通常会考虑若干个延迟数下的相关系数,选取绝对值最大的为 $R'l$,而相应的延迟数 l' 代表提前或滞后。$R'l$ 距离 1 越近,则表示 X 与 Y 之间的波动幅度越大。如果 $R'l$ 在 $l=0$ 时最大,则表示该指标为同步指标;如果 $R'l$ 在 $l<0$ 时最大,则表示该指标为滞后指标。从某种意义上说,水资源的供求比能反映出水资源的负荷状况:当供求比小于 1 时,意味着水资源的需求量大于供应量;当供求比大于 1 时,表明水资源的供应量大于需水

量;当供求比等于1时,表明水资源的供求关系已趋于均衡(热孜娅·阿曼等,2020b),因此,本书设定水资源供需比这一指标为基准指标Y。

结合清江流域水资源承载力评价指标体系构建的思路,以表3.1为一般性评价指标,运用时差相关分析法,分析出哪些指标是有效的,可以充分反映水资源承载力的警情,哪些指标是无效的,不能或是不能全面反映警情,最终确定清江流域水资源承载力评价指标体系。

警兆指标先行、同步、滞后性质的确定:通常来看,评估指标应当是一个先行指标,或者说是一个同步性指标,要能在很大程度上及时地发现问题,而采用滞后指标则很难达到这样的评估目标。

运用MATLAB 7.1,结合以上时差相关分析法,求Y和X的时间关系。利用所得到的时间相关系数,选择具有最大绝对值的相关系数,并将时差相关系数归类。如果指标对应的最大关联系数是在指数超前期得到的,则是一个先导指标;反之,则是一个滞后指标。通过式(3.1)计算清江流域水资源承载力的警兆指标,得出清江流域各指标与警情指标前后3年的时差相关系数,选取结果中绝对值最大值,并确定各指标的先导强度和指标类型(表3.2)。

表3.2 清江流域水资源承载力预警的先行指标、同步指标和滞后指标

指标类型	指标层	先导强度	先导长度	指标类型	指标层	先导强度	先导长度
先行	C1	0.534	−3	先行	C12	−0.873	−3
滞后	C2	−0.434	1	先行	C13	0.487	−1
先行	C3	0.502	−3	先行	C14	0.593	−1
先行	C4	0.547	−3	先行	C15	−0.407	−1
先行	C5	0.760	−3	先行	C16	0.535	−1
同步	C6	−0.548	0	先行	C17	−0.503	−2
滞后	C7	0.862	1	先行	C18	0.233	−2
先行	C8	0.998	−2	同步	C19	0.623	0
先行	C9	−0.777	−2	先行	C20	−0.506	−1
先行	C10	−0.632	−3	滞后	C21	−0.786	3
先行	C11	0.525	−1	先行	C22	−0.612	−3

从表3.2的计算结果可知,在22项警兆指标中,先行指标17项,同步指标2项,滞后指标3项。清江流域水资源承载力评价指标体系如表3.3所示。因我国政府部门已对部分指标在相关文件中做了明确的控制要求,如新增供水能力、用水总量、万元GDP用水量、单位工业增加值用水量等指标,因此,本书不另外单独计算控制指标,以相关文件中明确规定的控制指标值为定额目标约束值。

第3章 清江流域水资源承载力评价指标体系的构建

表3.3 清江流域水资源承载力评价指标体系

目标层	准则层	指标层	参考依据	指标属性
水资源量维度（A1）	社会经济发展（B1）	万元GDP用水量	《湖北省水利发展"十三五"规划》《宜昌市水利发展"十三五"规划》《恩施土家族苗族自治州水利发展"十三五"规划》	逆
	工业建设（B2）	单位工业增加值用水量	《恩施州实行最严格水资源管理制度实施方案》《恩施土家族苗族自治州创建国家生态文明建设示范区规划（2015—2022）》《宜昌市生态建设与环境保护"十三五"专项规划》	逆
	农业生产（B3）	有效灌溉面积率	《宜昌市生态建设与环境保护"十三五"专项规划》	正
		灌溉可用水承载量		正
		总灌溉面积		正
		单纯以天然降水为水源的农业面积	计算指标	正
	城镇生活（B4）	城镇建设用水量		正
水环境维度（A2）	工业建设（B5）	化学需氧量排放量	《恩施土家族苗族自治州创建国家生态文明建设示范区规划（2015—2022）》《宜昌市生态建设与环境保护"十三五"专项规划》	逆
		工业废水排放量		逆
	农业生产（B6）	单位面积氮肥施用量	浙江省农业农村厅、浙江省财政厅《关于试行农业投入化肥定额制的意见》；《国家生态文明建设示范村镇指标（试行）》	逆
		单位面积磷肥施用量		逆
		单位面积钾肥施用量		逆
		单位面积复合肥施用量		逆
	城镇生活（B7）	生活污水处理率	《湖北省人民政府关于全面推进乡镇生活污水治理工作的意见》；恩施州《关于全面推进乡镇生活污水治理工作实施方案》；《恩施州"三线一单"生态环境分区管控实施方案》；恩施土家族苗族自治州、宜昌市历年水资源公报	正
		水源地水质达标率	湖北省《关于加快实施"三线一单"生态环境分区管控的意见》；《湖北省水利发展"十二五"规划纲要》《湖北省水利发展"十三五"规划》	正
水生态维度（A3）	生态保护（B8）	生态用水率	Wei et al.，2021	正
		生态保护红线面积占比	《湖北省主体功能区规划》《湖北省生态保护红线划定方案》；Wei et al.，2021	正

3.2.4 评价指标解释及意义

1. 水资源量维度

(1)万元 GDP 用水量。指总用水量与国内生产总值的比值,反映水资源的经济效益。

$$万元 GDP 用水量 = \frac{总用水量}{国内生产总值} \quad (3.2)$$

(2)单位工业增加值用水量。指总用水量与工业增加值的比值,反映工业用水的利用效率。

$$单位工业增加值用水量 = \frac{工业用水量}{单位工业增加值} \quad (3.3)$$

(3)有效灌溉面积率。指灌溉的水田面积和水浇地面积之和与总灌溉面积之比,反映农田有效灌溉面积对水资源承载力的影响。

$$有效灌溉面积率 = \frac{水田面积 + 水浇地面积}{总灌溉面积} \quad (3.4)$$

2. 水环境维度

(1)化学需氧量排放量。反映社会经济活动对水环境带来的压力。
(2)工业废水排放量。反映社会经济活动对水环境带来的压力。
(3)氮肥施用量。反映农业生产中化肥的施用量。
(4)磷肥施用量。反映农业生产中化肥的施用量。
(5)钾肥施用量。反映农业生产中化肥的施用量。
(6)复合肥施用量。反映农业生产中化肥的施用量。
(7)城镇生活污水处理率。指在城镇范围内,通过二级处理后,达到排放标准的城镇生活污水量占城镇污水处理总量的比例。

$$城镇生活污水处理率 = \frac{达到排放标准的城镇生活污水量}{城镇生活污水排放总量} \times 100\% \quad (3.5)$$

(8)集中式饮用水水源地水质达标率。反映向城市市区提供饮用水集中式水源地达标的情况,是评价流域水环境状况的重要指标,是水资源管理的重要依据。

3. 水生态维度

(1)生态用水率。反映生态保护的重要程度。

第3章 清江流域水资源承载力评价指标体系的构建

(2)生态保护红线面积占比。指划定的生态保护红线面积与国土面积的比值;反映生态保护的重要程度。

$$生态保护红线面积占比 = \frac{生态保护红线面积}{国土面积} \times 100\% \quad (3.6)$$

灌溉可用水承载量、可承载的灌溉规模、可承载的耕地规模、城镇可用水承载量、可承载的城镇建设用地规模等指标的计算公式如下。

(1)灌溉可用水承载量。指灌溉可用水量控制指标超过已使用的灌溉可用水承载量的空间。其中灌溉可用水量控制指标由设定农业用水合理比例乘以评价区域用水总量控制指标而得出。此处以灌溉用水占比作为农业用水合理比例。

$$\begin{aligned}灌溉可用水承载量 &= 农业供水承载量 \\ &= f([灌溉可用水量控制指标],[灌溉已用水量]) \\ &= 灌溉可用水量控制指标 - 灌溉已用水量\end{aligned} \quad (3.7)$$

(2)可承载的灌溉规模。指灌溉可用水承载量所能承载的灌溉面积,即灌溉可用水承载量与农田综合灌溉定额的比值。

$$\begin{aligned}可承载的灌溉规模 &= f([灌溉可用水承载量],[农田综合灌溉定额]) \\ &= 灌溉可用水承载量 \div 农田综合灌溉定额\end{aligned} \quad (3.8)$$

农田综合灌溉定额:单位农田所需灌溉水量的定额消耗。此处取恩施土家族苗族自治州和宜昌市单位农田灌溉平均用水量。

(3)可承载的耕地规模。包括可承载的灌溉规模和单纯以天然降水为水源的农业面积。其中单纯以天然降水为水源的农业面积是指雨养农业面积。

$$\begin{aligned}可承载的耕地规模 &= f([可承载的灌溉规模],[单纯以天然降水为水源的农业面积]) \\ &= 可承载的灌溉规模 + 单纯以天然降水为水源的农业面积\end{aligned} \quad (3.9)$$

(4)城镇可用水承载量。指城镇建设可使用的水资源量控制指标与已使用的城镇用水量的差额。其中城镇建设可使用的水资源量控制指标是指设定生活和工业用水合理占比乘以评价区域用水总量控制指标,得到不同情景下城镇建设可用水总量控制指标。此处以城镇工业和生活用水占比作为合理比。

$$\begin{aligned}城镇可用水承载量 &= 城镇供水条件 \\ &= f([城镇建设可用水量控制指标],[城镇建设已用水量]) \\ &= 城镇建设可用水量控制指标 - 城镇建设已用水量\end{aligned} \quad (3.10)$$

(5)可承载的城镇建设用地规模。

$$\begin{aligned}可承载的城镇建设用地规模 &= f([城镇可用水承载量],[城镇人均需水量],\\ &\quad [人均城镇建设用地定额]) \\ &= 城镇可用水承载量 \div 城镇人均需水量 \times \\ &\quad 人均城镇建设用地定额\end{aligned} \quad (3.11)$$

可承载的城镇建设用地规模采用评价区域城镇可用水承载量除以城镇人均需水量,得出评价区域内人口规模,再用人口规模乘以人均城镇建设用地定额,测算可承载的城镇建设用地规模。参考城市用地分类与规划用地标准,此处取 $80\text{m}^2/\text{人}$ 作为人均城镇建设用地定额。

第4章 清江流域水资源承载力评价方法

本书将清江流域水资源承载力定义为,基于某一时期、一定发展阶段,以可持续发展为原则,首先选定与水资源承载力发展紧密相关的警兆指标,对一定地域范围内水资源能够承载的农业生产、城镇建设等人类活动的最大规模进行客观评价,其次依据区域的发展需要,确定该区域水资源承载力的现状和未来的预警水平,最后根据警戒度提出排警措施。需要说明的是,此处的最大规模不仅需要考虑本底条件和剩余量,还应考虑国家战略下的定额目标约束值和未来可挖掘潜力。

4.1 指标权重的确定

在水资源承载力评价中,指标权重的确定和评价原则具有同样重要的影响。一般来说,选取的评价指标,其重要程度各不相同,在评价过程中,应着重对重要等级高的指标进行考虑,因此如何对每个评价指标赋予合理的权重值是一个值得研究的问题。目前相关研究采用较多的指标赋权方法有层次分析法、熵值法、多元分析法、专家调查法、变异系数法、主观加权法等(表4.1),随着赋权方法研究的不断深入,承载力的评估和精度有了很大的提高,并使它更加科学。其中:主观赋权法受限于不同专家的认识水平和侧重点,可能导致指标权重差异较大;客观赋权法不基于人的主观判断,因而规避了专家赋权的偏颇,更加理性地体现出各指标的不可或缺性。本书选取了客观赋权法中的熵值法来确定各指标权重。

表4.1 水资源承载力评价指标赋权方法优缺点的对照

赋权方法	代表方法	主要优点	主要缺点
主观赋权法	层次分析法	较成熟,与专家经验相结合的指标赋权能较清晰地阐释问题	各指标的分配由于专家的知识水平不同而存在很大的差别
	多元分析法		
	主观加权法		
	专家调查法		

续表 4.1

赋权方法	代表方法	主要优点	主要缺点
客观赋权法	熵值法	基于数据本身进行赋权	可能有结果不符合实际情况
	聚类分析法		
	判别分析法		
	变异系数法		
	均方差权重法		

熵值法是一种用来判断指标离散程度的方法,通过计算每项指标的信息熵,可以判断出该指标对总评价体系的重要程度。具体来讲,当指标中包含的信息量越多,其不确定性就越小,熵值越小,权重也越小。层次分析法(AHP)采用判定矩阵求出各项指标的相对权重值。

4.2 清江流域水资源承载力及其警情评价方法

4.2.1 清江流域水资源承载力单项评价及其警情评价方法

以"三线一单"等为基础的水资源承载力评价有助于清江流域把控水资源、水环境、水生态的剩余可承载空间。本书构建水资源承载力单项评价计算公式如下。

(1)当指标为正向指标时,"红线"X_t通常为底线。

$$\begin{cases} X = X_i - X_t \\ Y = \dfrac{X}{X_t} \end{cases} \tag{4.1}$$

(2)当指标为负向指标时,"红线"X_t通常为上线。

$$\begin{cases} X = X_t - X_i \\ Y = \dfrac{X}{X_t} \end{cases} \tag{4.2}$$

式中,Y表示水资源承载率;X表示水资源承载量,当X小于0时,表明水资源处于超载状态,当X大于0时,表明水资源处于可承载状态;X_t表示各指标的"红线"值,X_i表示各指标的现值。

4.2.2 清江流域水资源承载力集成评价及其警情评价方法

1. 采用加权 TOPSIS 法计算承载力指数

TOPSIS 模型是一种广泛应用于系统工程中的多目标决策方法,是一种运用距离作为评价标准的综合评价方法(雷勋平等,2016)。基本原理是在基于归一化后的原始矩阵中,借助于多目标决策问题的最优方案(最优向量表示)和最劣方案(最劣向量表示),通过计算,得出了与最佳方案、最差方案之间的距离,得到了与最佳方案之间的相关性,并由此得出了评估结果的优劣。与其他评估方法相比,此方法具有分析原理直观、计算简单、不需要太多样本的优点。

(1)标准化评价矩阵构建。假设清江流域水资源承载力问题的原始评价指标矩阵为:

$$X = \begin{bmatrix} X_{11} & X_{12} & \cdots & X_{1n} \\ X_{21} & X_{22} & \cdots & X_{2n} \\ \vdots & \vdots & \vdots & \vdots \\ X_{m1} & X_{m2} & \cdots & X_{mn} \end{bmatrix} \tag{4.3}$$

第一,考虑到各指标的量纲差别,采用极差标准化方法进行指标处理,以方便资料分析,结果以正向指数越大、负向指数越小为好(熊建新等,2014);第二,为避免极差转换中出现零值指标,参考有关文献(杨秀平,2018)的做法。

$$y_{ij} = \begin{cases} \dfrac{x_{ij} - \min\{x_{ij}\}}{\max\{x_{ij}\} - \min\{x_{ij}\}} \times 0.99 + 0.01 & (\text{正向指标}) \\ \dfrac{\max\{x_{ij}\} - x_{ij}}{\max\{x_{ij}\} - \min\{x_{ij}\}} \times 0.99 + 0.01 & (\text{反向指标}) \end{cases} \tag{4.4}$$

式中,X 为初始评价矩阵;x_{ij} 表示县市第 i 年 j 项指标的初始值,$\max\{x_{ij}\}$ 和 $\min\{x_{ij}\}$ 分别表示县市第 i 年 j 项指标的最大值和最小值;y_{ij} 为第 i 年 j 项指标的无量纲化处理后的标准值,其中,$i=1,2,\cdots,m$(m 为评价年份),$j=1,2,\cdots,n$(n 为评价指标数)。

(2)确定指标的权重。熵权法可以充分考虑指标的变化,并能客观地反映指标的重要程度:

$$w_i = \dfrac{1 - H_i}{m - \sum\limits_{i=1}^{m} H_i} \tag{4.5}$$

$$H_i = -\dfrac{1}{\ln n} \sum\limits_{j=1}^{n} f_{ij} \ln f_{ij} \tag{4.6}$$

$$f_{ij} = \dfrac{a_{ij}}{\sum\limits_{j=1}^{n} a_{ij}} \tag{4.7}$$

式中,H_i 称为信息熵;a_{ij} 是第 i 个数据第 j 项指标的值;f_{ij} 称为指标的特征比重。

(3)构建基于熵权的评价矩阵。为进一步改善流域水资源承载力评价矩阵的客观性,采用权重理论,采用 w_i 构造了权重标准化评估矩阵 B,其计算公式如下:

$$B = \begin{bmatrix} b_{11} & b_{12} & \cdots & b_{1n} \\ b_{21} & b_{22} & \cdots & b_{2n} \\ \vdots & \vdots & \vdots & \vdots \\ b_{m1} & b_{m2} & \cdots & b_{mn} \end{bmatrix} = \begin{bmatrix} a_{11} \cdot w_1 & a_{12} \cdot w_1 & \cdots & a_{1n} \cdot w_1 \\ a_{21} \cdot w_2 & a_{22} \cdot w_2 & \cdots & a_{2n} \cdot w_2 \\ \vdots & \vdots & \vdots & \vdots \\ a_{m1} \cdot w_m & a_{m2} \cdot w_m & \cdots & a_{mn} \cdot w_m \end{bmatrix} \quad (4.8)$$

(4)计算正(负)理想解。假设 B^+ 为评价数据中第 i 项指标在 j 年内的最大值,即最优方案,称为正理想解;B^- 为评价数据中第 i 项指标在第 j 年内的最小值,即最劣方案,称为负理想解。

$$\begin{cases} B^+ = \{\max_{1 \leqslant i \leqslant m} b_{ij} \mid i=1,2,\cdots,m\} = \{b_1^+, b_2^+, \cdots, b_m^+\} \\ B^- = \{\min_{1 \leqslant i \leqslant m} b_{ij} \mid i=1,2,\cdots,m\} = \{b_1^-, b_2^-, \cdots, b_m^-\} \end{cases} \quad (4.9)$$

(5)计算距离。距离计算的方法较多(王先甲等,2012),本书采用欧氏距离(刘瑞元,2002)的计算公式。令 D_j^+ 为第 i 项指标与 b_i^+ 的距离,D_j^- 为第 i 项指标与 b_i^- 的距离,则有:

$$\begin{cases} D_j^+ = \sqrt{\sum_{i=1}^{m}(b_i^+ - b_{ij})^2} \\ D_j^- = \sqrt{\sum_{i=1}^{m}(b_i^- - b_{ij})^2} \end{cases} \quad (4.10)$$

式中,b_{ij} 为第 i 项指标第 j 年加权后的规范化值;b_i^+ 和 b_i^- 分别为第 i 项指标在 n 年取值中最优方案值和最劣方案值。

2. 突变级数模型计算警情安全值

突变理论采用动态系统拓扑学的曲面折叠概念,通常采用多指标评估(Cheng et al.,2017)对社会活动和自然活动建立突变现象的数学模型,以预测和描述由系统中的持续中断现象产生的类似能量的质的变化(Gao et al.,2019)。突变级数法(CPM)是一种基于突变理论开发的综合评价方法(Zhang et al.,2013)。它利用几何拓扑学、奇点集、微分方程定性、稳定性数学等方法,对预警指标出现不连续变异的极限值进行了研究。这种方法将各个评估指标的相关性都考虑在内。定性分析与定量计算相结合可以科学、合理、准确地减少主观性。同时,它可以反映子系统的突变点。

突变级数模型有4种(图4.1)。若把一项指标分成1个、2个、3个或4个子指标,则系统分别视为折叠突变模型、尖点突变模型、燕尾突变模型或蝴蝶突变模型。根据子指标的数量对指标进行分类,然后获得 CPM 的估计结果。

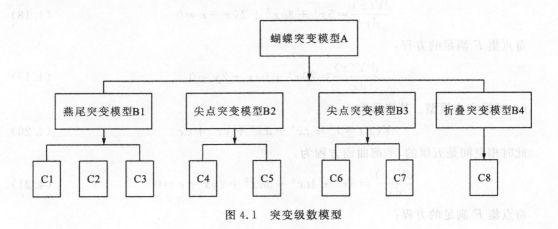

图 4.1 突变级数模型

(1)折叠突变模型。突变模型中的初等模型。其势函数为:

$$Y(x) = x^3 + ax \tag{4.11}$$

由于势函数的最高次幂是 3,所以势函数相空间维度是二维,平衡曲面对势函数求一阶倒数得到:

$$\frac{\mathrm{d}Y(x)}{\mathrm{d}x} = 3x^3 + a = 0 \tag{4.12}$$

对势函数求二阶导数,得到奇点集 F 方程:

$$\frac{\mathrm{d}^2 Y(x)}{\mathrm{d}x^2} = 6x = 0 \tag{4.13}$$

通过求解该方程,得出奇点集 F 的元素是(0,0),因此,在该分岔点集合 E 中,仅有 1 个 $a=0$,而该分岔点集合 E 将该控制区分成了 2 个部分:a 的正半轴和负半轴。在 a 的正半轴上没有数值解,因此没有任何一个临界点。在 a 的负半轴上,有 2 个数值解,分别是最大值和最小值,因此有 2 个极值点,而把系统状态划分成稳定和不稳定。在 a 轴的起点上,仅有 1 个极值拐点。结果表明,在 a 的正半轴上,系统的势函数是不稳定的。

(2)尖点突变模型。在解决实际问题中,尖点突变模型是最常用的一种。其势函数为:

$$Y(x) = x^4 + ax^2 + yx \tag{4.14}$$

由势函数形式可知,其相空间是三维的,平衡曲面方程为:

$$\frac{\mathrm{d}Y(x)}{\mathrm{d}x} = 4x^3 + 2ax + y = 0 \tag{4.15}$$

因此,奇点集 F 满足的方程:

$$\frac{\mathrm{d}^2 Y(x)}{\mathrm{d}x^2} = 12x^2 + 2a = 0 \tag{4.16}$$

(3)燕尾突变模型。其势函数为:

$$Y(x) = x^5 + ax^3 + yx^2 + cx \tag{4.17}$$

此时相空间是四维的,平衡曲面方程为:

$$\frac{dY(x)}{dx} = 5x^4 + 3ax^2 + 2yx + c = 0 \tag{4.18}$$

奇点集 F 满足的方程:

$$\frac{d^2Y(x)}{dx^2} = 20x^3 + 6ax + 2y = 0 \tag{4.19}$$

(4)蝴蝶突变模型。其势函数为:

$$Y(x) = x^6 + tx^4 + ax^3 + yx^2 + cx \tag{4.20}$$

此时相空间是五维的,平衡曲面方程为:

$$\frac{dY(x)}{dx} = 6x^5 + 4tx^3 + 3ax^2 + 2yx + c = 0 \tag{4.21}$$

奇点集 F 满足的方程:

$$\frac{d^2Y(x)}{dx^2} = 30x^4 + 12tx^2 + 6ax + 2y = 0 \tag{4.22}$$

3. 基于熵权法的突变级数模型

相对模糊数学而言,突变级数法的主观不确定这一缺陷有所减弱,同时分析了各项指标的重要程度。其具体步骤如图 4.2 所示。

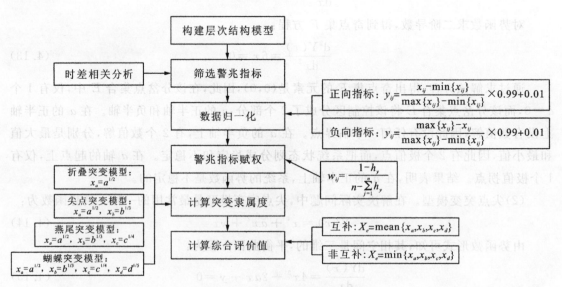

图 4.2 突变级数法的流程图

(1)建立层次结构。依据指标体系对系统进行逐级层次的分解,形成一个完整的系统,每一层的评价指标不超过 4 个。

(2)选择各层次的突变模型。在控制空间不超过四维、状态空间不超过二维的情况下,可将基本突变模型划分为以下类型:折叠突变模型、尖点突变模型、燕尾突变模型、蝴蝶突变模型。这4种模型的函数数学模型如表4.2所示。

表4.2 突变模型数学模型

突变类型	变量数	势函数	分歧集方程	归一化方程
折叠突变	1	$Y(x)=x^3+ax$	$a=-3x^2$	$x_a=a^{\frac{1}{2}}$
尖点突变	2	$Y(x)=x^4+ax^2+yx$	$a=-6x^2, y=8x^3$	$x_a=a^{\frac{1}{2}}, x_y=y^{\frac{1}{3}}$
燕尾突变	3	$Y(x)=x^5+ax^3+yx^2+cx$	$a=-6x^2, y=8x^3$ $c=-3x^4$	$x_a=a^{\frac{1}{2}}, x_y=y^{\frac{1}{3}}$ $x_c=c^{\frac{1}{4}}$
蝴蝶突变	4	$Y(x)=x^6+ax^4+yx^3+cx^2+dx$	$a=-6x^2, y=8x^3$ $c=-3x^4, d=4x^5$	$x_a=a^{\frac{1}{2}}, x_y=y^{\frac{1}{3}}$ $x_c=c^{\frac{1}{4}}, x_d=d^{\frac{1}{5}}$

注:Y为势函数;x为状态变量;a,y,c,d为控制变量。

(3)去量纲化。根据式(4.4)进行指标的去量纲化处理。

(4)综合评价值。应遵循非互补性或互补性原则。在同一层次上,若指标间无显著关联,则称之为非互补性;其他的指标被称作互补性。在不互补的情况下,以最小的隶属度为评估值X_e,$X_e=\min\{x_a,x_b,x_c,x_d\}$。在除此之外的情况下,用平均的隶属度作为评估值$X_e$,$X_e=\mathrm{mean}\{x_a,x_b,x_c,x_d\}$。

(5)采用熵权法确定指标权重。每一层中的各项指标按其相对重要性进行排序,采用熵权法将各个层次的指标按重要性进行排序,并构建了一个递阶突变模型。信息熵是信息无序度的一个重要标志;它的价值越低,系统的混乱程度就越低。根据权重的大小确定各项指标的重要程度,从而排除人工排序中的错误,使指标权重更接近于客观实际,其计算公式参照式(4.5)。

4.2.3 清江流域水资源承载力预判及其警情趋势评价方法

水资源承载力预警趋势评价就是对区域在某一时间段内承载力的评价,并对未来的变化进行预测,以提醒人们及时采取对策(图4.3)。

本书对用水总量、耕地规模、总灌溉面积、单位耕地面积化肥施用量、生态用水量等指标采用一元线性回归分析法预测。一元线性回归分析法的预测模型为:

$$Y_t=ax_t+b \tag{4.23}$$

其中

$$\begin{cases} a = \dfrac{n\sum x_i Y_i - \sum x_i \sum Y_i}{n\sum x_i^2 - (\sum x_i)^2} \\ b = \dfrac{\sum Y_i}{n} - a\dfrac{\sum x_i}{n} \end{cases}$$

式中,x_t 代表第 t 期自变量的值;Y_t 代表第 t 期因变量的值;a 和 b 代表一元线性回归方程的参数;n 代表样本量;i 为序号($i=1,2,\cdots,n$);x_i 为第 i 个 x 变量的值;y_i 为第 i 个 y 变量的值。

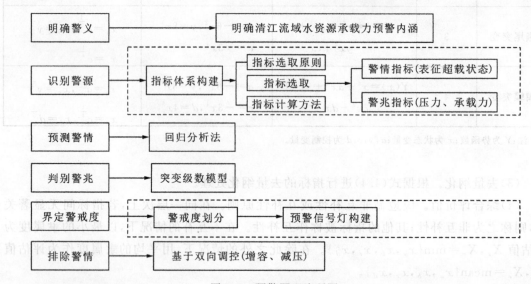

图 4.3 预警原理流程图

4.2.4 警戒度分级标准

参照相关学者(叶有华等,2017;Zuo et al.,2021)的分级标准,采用等分法构建水资源承载力的警戒度分级标准,再结合图 3.5,确定清江流域水资源承载力警戒度分级标准及其对应的预警信号灯如表 4.3 所示。

表 4.3 清江流域水资源承载力的警戒度分级标准

安全等级	预警状态	警戒度级别	预警信号灯
V		严重警告	红灯
Ⅳ	超载	中度警告	橙灯
Ⅲ		低度警告	黄灯
Ⅱ		相对安全	蓝灯
Ⅰ	可承载	安全	绿灯

红灯标示区:水资源的供求矛盾十分突出,水环境遭到严重破坏,水生态系统失去作用,难以恢复,水资源体系严重制约了地区的经济发展。

橙灯标示区:水资源严重受损,水生态系统严重受损,难以恢复和重建,水资源和社会经济关系不平衡,严重影响了地区的可持续发展。

黄灯标示区:水资源遭到严重损害,水生态系统的作用难以发挥,恢复和重建工作有一定难度,水资源体系对经济和社会的制约作用更加突出,对区域协调可持续发展具有一定影响。

蓝灯标示区:目前的水资源状况良好,水生态功能正常运行,水环境受到了一定的损害,但可以得到修复,水资源和社会经济协调发展。

绿灯标示区:水资源-水环境-水生态系统现状良好,水资源系统与社会经济发展的关系处于良好协调发展水平。

4.2.5 清江流域水资源承载力耦合协调度评价方法

1. 构建耦合度模型

耦合发展度评估的主要内容包括功效函数、耦合度和耦合协调度。在水资源承载力的耦合协调分析中,首先要消除度量尺度和数量差别对计算结果的影响,利用极差正规方法[式(4.6)、式(4.7)]对原始数据进行标准化处理,再进行离散度的一致性检验,利用熵值方法确定指标权重。

本书运用熵值法来确定序参量指标的权重,可以避免主观的偏差,详见式(4.8)。

功效函数可以用于对各子系统进行排序,并为测量系统耦合程度提供资料。若 R_{ij} 为正向指标,数值愈大,则系统有序度愈高;若 R_{ij} 为负向指标,数值愈大,则系统的有序度愈低。

定义 $f_i(u_{ij})$ 为子系统序参量分量 u_{ij} 的有序度,其计算公式如下:

$$f_i(u_{ij}) = \begin{cases} \dfrac{R_{ij}}{\max_i R_{ij}} & (R_{ij} \text{ 为正向指标}) \\ \dfrac{\min_i R_{ij}}{R_{ij}} & (R_{ij} \text{ 为负向指标}) \end{cases} \quad (4.24)$$

式中,$f_i(u_{ij}) \in [0,1]$,$f_i(u_{ij})$ 的值越大,对系统的贡献也就越大,系统的有序度也就越高。

子系统的有序度 F_i 可通过线性加权求和法确定:

$$F_i = \sum_{j=1}^{n} \omega_j f_i(u_{ij}) \quad \text{其中} \ \omega_j \geqslant 0, \sum_{j=1}^{n} \omega_j = 1 \quad (4.25)$$

式中,F_i 为子系统有序度;ω_j 为指标权重。

利用水资源量-水环境-水生态指标等资源,测量各系统间的耦合程度,如式(4.26)所示。

$$C=\left\{\frac{\mathrm{RE}_i^* \times \mathrm{EN}_i^* \times \mathrm{EC}_i^*}{[(\mathrm{RE}_i^* + \mathrm{EN}_i^* + \mathrm{EC}_i^*) \div 3]^3}\right\}^{\frac{1}{3}} \quad (4.26)$$

式中，C 为耦合度，属于 $[0,1]$，当 $C=0$ 时，代表水资源量、水环境和水生态子系统之间处于无关状态，体系混乱，当 $C=1$ 时，表明水资源的承载力系统保持同步发展，且逐渐趋于有序；RE_i^*、EN_i^*、EC_i^* 分别是通过加权 TOPSIS 法得到的水资源量、水环境和水生态各维度的评价值。

结合熊建新等（2014）和马丽等（2012）确定的清江流域水资源量-水环境-水生态系统耦合度划分标准如表 4.4 所示。

表 4.4 清江流域水资源量-水环境-水生态系统耦合度发展判定标准

耦合度区间	系统耦合度状态
$0<C\leqslant 0.3$	低水平耦合阶段
$0.3<C\leqslant 0.5$	拮抗阶段
$0.5<C\leqslant 0.8$	磨合阶段
$0.8<C\leqslant 1$	高水平耦合阶段

2. 构建耦合协调度模型

耦合协调度与耦合度都是形容两个系统间相互影响、相互作用的程度，区别在于耦合协调度不仅表述两者间的协调程度，还考虑系统自身的发展程度（熊建新等，2014）。

为了更好地反映水资源量-水环境-水生态系统之间的耦合程度，反映各个子系统之间的相互作用，构建耦合协调度公式如下：

$$\begin{cases} D=\sqrt{C\times T} \\ T=\alpha \mathrm{RE}_i^* + \beta \mathrm{EN}_i^* + \gamma \mathrm{EC}_i^* \end{cases} \quad (4.27)$$

式中，D 为水资源承载力子系统的耦合协调度；C 为水资源承载力子系统的耦合度；T 为水资源承载力三大子系统的综合评价系数；α、β、γ 分别表示水资源量、水环境和水生态的重要程度。

在"共抓大保护、不搞大开发"、生态环境保护优先等战略背景下，水环境与水生态维度比水资源量维度更为重要，但 3 个要素的贡献率既要满足协调发展的需要，又不能过分平衡，因此本书将 α、β、γ 的值定为 0.30、0.35、0.35。

根据耦合协调发展度的大小，并结合熊建新等（2014）和马丽等（2012）的研究，本书确定的耦合协调度划分标准如表 4.5 所示。

当 $D(t)=0$ 时，该阶段的系统是一种极度混乱的状态，各个子系统之间没有任何联系，这也是系统的初始状态，耦合协调度最低；当 $0<D(t)\leqslant 0.3$ 时，该阶段系统耦合发展程度较低，系统处于低度水平耦合协调状态；当 $0.3<D(t)\leqslant 0.5$ 时，该阶段水资源量-水环境-水生

态系统的耦合协调状态处于中度水平,子系统发展速度不同,协作度不高,因而整个系统的耦合协调度并不高;当 $0.5<D(t)\leqslant0.8$ 时,该阶段系统的耦合协调能力得到了极大的提升,达到了一个新的转折点,系统的发展进入了高度水平耦合协调状态;当 $0.8<D(t)<1.0$ 时,该阶段系统中的各个子系统就像一台高速运转的机器,互相支持、互相促进、相辅相成,让整个系统进入了一个极高度水平耦合的发展阶段;当 $D(t)=1.0$ 时,系统的耦合协调程度最高,系统的各个部分都能充分地发挥自己的功能,使系统的谐振耦合达到最大,当外部的力量使系统发生变化时,系统会出现一个新的有序的结构。

表 4.5 清江流域水资源量-水环境-水生态系统耦合协调度评价标准

耦合协调度区间	系统耦合协调度状态
$0\leqslant D\leqslant0.3$	低度水平耦合协调
$0.3<D\leqslant0.5$	中度水平耦合协调
$0.5<D\leqslant0.8$	高度水平耦合协调
$0.8<D\leqslant1$	极高度水平耦合协调

3. 协调发展分类体系及其判别标准

根据水资源量系统评价指数($u_{水资源量}$)、水环境系统评价指数($u_{水环境}$)、水生态系统评价指数($u_{水生态}$)之间的相互关系,将系统分为不同基本类型(吕添贵等,2013;Wei et al.,2021),如表 4.6 所示。

表 4.6 协调发展分类体系及其判别标准

系统类型	判别标准
水资源量滞后型	$u_{水生态}>u_{水环境}>u_{水资源量}$
	$u_{水环境}>u_{水生态}>u_{水资源量}$
	$u_{水环境}=u_{水生态}>u_{水资源量}$
水环境滞后型	$u_{水生态}>u_{水资源量}>u_{水环境}$
	$u_{水资源量}>u_{水生态}>u_{水环境}$
	$u_{水资源量}=u_{水生态}>u_{水环境}$
水生态滞后型	$u_{水资源量}>u_{水环境}>u_{水生态}$
	$u_{水环境}>u_{水资源量}>u_{水生态}$
	$u_{水环境}=u_{水资源量}>u_{水生态}$
同步型	$u_{水资源量}=u_{水环境}=u_{水生态}$

第 5 章 清江流域水资源承载力现状及其警情评价

水资源承载力是水资源禀赋、水生态系统、水环境容量对区域经济、人口及社会发展的支撑与承受能力而形成的复杂系统。本章分析了水资源承载力系统动态演化状态下水资源承载力及其子系统的变化规律,根据其波动变化区间范围划定预警等级,并据此采取不同的预警措施。

清江流域水资源承载力评价框架如图 5.1 所示。

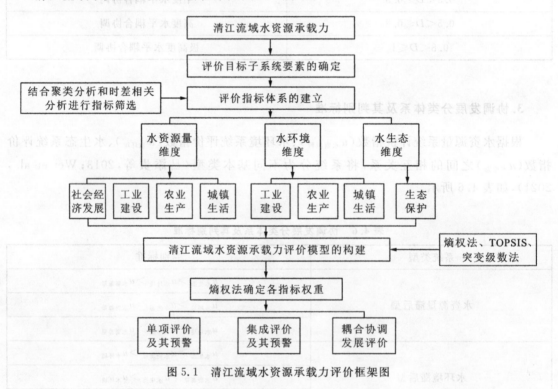

图 5.1 清江流域水资源承载力评价框架图

5.1 清江流域水资源承载力单项评价及其警情分析

5.1.1 警兆指标定额目标约束值的确定

若水资源承载力警兆指标的值小于定额目标的约束值,水资源承载力处于可承载状态;若

第5章 清江流域水资源承载力现状及其警情评价

大于定额目标的约束值,水资源承载力处于超载状态。它是判断警情状况的重要依据。结合清江流域实际情况和表3.2、表3.3,确定警兆指标定额目标的约束值如表5.1所示。

表5.1 清江流域水资源承载力警兆指标定额目标的约束值

指标层	定额目标的约束值	参考依据
万元GDP用水量/($m^3 \cdot$万元$^{-1}$)	27.85	《湖北省水利发展"十三五"规划》《宜昌市水利发展"十三五"规划》《恩施土家族苗族自治州水利发展"十三五"规划》
单位工业增加值用水量/($m^3 \cdot$万元$^{-1}$)	84.14	《恩施州实行最严格水资源管理制度实施方案》《恩施土家族苗族自治州创建国家生态文明建设示范区规划(2015—2022)》《宜昌市生态建设与环境保护"十三五"专项规划》
有效灌溉面积率/%	51.22	《宜昌市生态建设与环境保护"十三五"专项规划》
灌溉可用水承载量/亿m^3	3.18	计算指标
可承载的耕地规模/万hm^2	35.836	计算指标
可承载的灌溉规模/万hm^2	4.099	计算指标
城镇可用水承载量/亿m^3	2.18	计算指标
可承载的城镇建设用地规模/km^2	113.12	计算指标
化学需氧量排放量下降率/%	10.64	《恩施土家族苗族自治州创建国家生态文明建设示范区规划(2015—2022)》《宜昌市生态建设与环境保护"十三五"专项规划》
工业废水排放量/t	816.05	
单位面积氮肥施用量/($kg \cdot hm^{-2}$)	222.22	浙江省农业农村厅、浙江省财政厅《关于试行农业投入化肥定额制的意见》;《国家生态文明建设示范村镇指标(试行)》
单位面积磷肥施用量/($kg \cdot hm^{-2}$)		
单位面积钾肥施用量/($kg \cdot hm^{-2}$)		
单位面积复合肥施用量/($kg \cdot hm^{-2}$)		
生活污水处理率/%	80.45	《湖北省人民政府关于全面推进乡镇生活污水治理工作的意见》;恩施州《关于全面推进乡镇生活污水治理工作实施方案》;《恩施州"三线一单"生态环境分区管控实施方案》;恩施土家族苗族自治州、宜昌市历年水资源公报
水源地水质达标率/%	96.14	湖北省《关于加快实施"三线一单"生态环境分区管控的意见》《湖北省水利发展"十二五"规划纲要》《湖北省水利发展"十三五"规划》
生态用水率/%	0.6	Wei et al.,2021
生态保护红线面积占比/%	40	《湖北省主体功能区规划》《湖北省生态保护红线划定方案》;Wei et al.,2021

5.1.2 清江流域水资源量维度的承载力评价及其警情分析

1. 水资源量供应对总体社会经济发展的承载状况及警情分析

从全流域来看,2010—2019 年,水资源供应对经济发展整体处于超载状态,即万元 GDP 用水量高于红线标准,其中 2010 年超载率最高,达 667.47%;2020 年,承载状态为可承载,可承载率为 45.06%。根据表 4.3 的划分标准,采用等分法对水资源量维度的单项指标承载状态进行警戒度的划分。警戒度呈现波动下降趋势,从严重警告级别下降至安全级别。这说明清江流域落实《最严格水资源管理办法》、水资源消耗总量和强度双控行动等政策效果显现,万元 GDP 用水量下降明显,从而带动了全流域水资源量维度承载力的提升。

2010—2020 年清江流域各县市万元 GDP 用水量预警信号灯结果

从图 5.2A 可以看出,10 个县市在"十二五"期间的超载较为严重,其中,利川市、宣恩县、咸丰县、鹤峰县和五峰县超载严重。这主要是由于宜昌市的"十二五"水利发展规划,万元 GDP 用水量的控制指标为 14.4m³/万元,与实际用水强度相差较大。

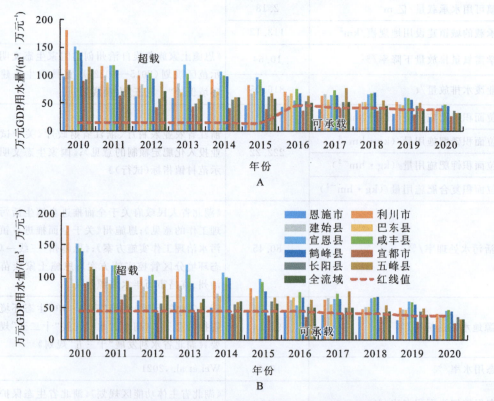

图 5.2 2010—2020 年清江流域各县市水资源量维度对总体社会经济发展的承载状况
A. 万元 GDP 用水量;B. 调整控制目标后的万元 GDP 用水量

第5章 清江流域水资源承载力现状及其警情评价

由于"十二五"水利规划的控制指标与实际用水强度相差较大,因此本书使用2016年的控制指标指导"十二五"的万元GDP用水量,计算结果如图5.2B所示。在"十二五"期间,清江流域10个县市几乎全处于超载状态,仅宜都市在2012年发生逆转,可承载量为2.87m²/万元。其中利川市、宣恩县的超载率在2010年达到最大值,分别为302.77%和237.77%。警戒度变化趋势与全流域保持一致,到2020年,均呈现安全级别。其中恩施市和宜都市,在2016年的警戒度下降至安全级别,说明水资源量对万元GDP用水量承载状态为可承载。

在"十三五"期间,恩施市和宜都市的万元GDP用水量均处于可承载状态,并且随着时间的推移,10个县市的用水效率逐渐提高。其中利川市、建始县、巴东县、长阳县和五峰县在2020年下降到红线值以内,达到可承载状态,为支撑湖北省、长江经济带乃至全国的经济发展奠定了基础。

2. 水资源量对工业建设的承载状况及警情分析

从全流域来看,2010年与2016—2019年,水资源对工业建设的承载状态为超载,2016年超载率最高达38.26%,警戒度为严重警告级别(红灯),这是由工业增加值用水效率不高引起的;2011—2015年、2020年的承载状态为可承载状态,警戒度保持安全级别,预警信号灯为绿灯,2015年承载率最高,达48.71%。

2010—2020年清江流域各县市单位工业增加值用水量预警信号灯结果

从10个县市来看,在"十一五"时期,除恩施州的恩施市和巴东县及宜昌市的长阳县和五峰县之外,其余地区均处于超载状态,鹤峰县超载率(达117%)最为严重。

"十二五"时期,在清江流域10个县市中,仅鹤峰县出现超载,2011年和2012年超载率分别为4.73%和3.33%,在2013年承载状态逆转为可承载,承载率为10.62%并持续上涨到2015年的13.61%。其余9个县市均呈现在可承载状态,承载率呈现持续上升趋势,其中恩施市的承载率由58.87%上涨到76.39%,利川市的承载率由37.3%上涨到59.76%,长阳县的承载率由50.46%上涨到59.02%,其中2012年达到87.85%的承载率峰值。

"十三五"时期,在恩施州的7个县市中,仅鹤峰县出现超载,超载率在2016年最高为5.72%,2020年承载状态逆转为可承载,可承载率为1.43%,其余6个县市均为可承载状态且承载率逐年上升,于2020年达到最高,承载率排名前3的分别是恩施市(79.27%)、利川市(66.43%)、巴东县(62.27%)(图5.3A)。宜昌市的3个县市均呈现不同程度的超载,其中2016年五峰县的超载率达到最高,为52.91%,但是从时间维度来看,宜都市和长阳县的超载率呈现逐年下降的趋势,长阳县2018年承载状态逆转为可承载,可承载率从7.18%上升至2020年的40.61%,上升率达到了465.81%(图5.3B)。"十三五"时期的单位工业增加值用水量可承载率虽然低于"十二五"时期,但是超载率有下降趋势。2020年10个县市均呈现可承载状态,警戒度为安全级别(绿灯)。这主要是因为恩施州和宜昌市确定了水资源管理"三条红线"(即水资源开发利用控制红线、用水效率控制红线和水功能区限制纳污红线)。恩施市和巴东县的警戒度一直保持安全级别,预警信号灯为绿灯;鹤峰县和宜都市的警戒度最高达到严重警告级别,且呈现预警信号的区间变化与全流域的区间变化一致,这也正是说明了全流域工业增加值用水效率(图5.3C)较低是由这两个县市导致的。

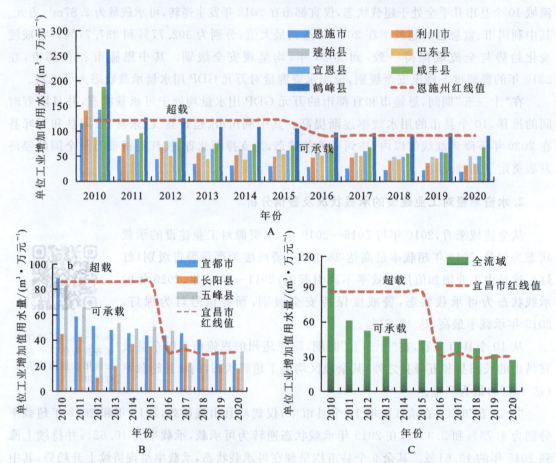

注:依据"高标准、严要求"原则,全流域的单位工业增加值用水量红线值参考宜昌市的红线值。

图5.3 2010—2020年清江流域各县市水资源量维度对工业建设的承载状况

A.恩施段单位工业增加值用水量;B.宜昌段单位工业增加值用水量;C.全流域单位工业增加值用水量

3. 水资源量对农业生产的承载状况及警情分析

从全流域来看,2010—2020年,水资源对农业生产的承载状态一直为超载,即有效灌溉面积率高于红线标准,2020年超载率最高达69.10%。不管是全流域还是10个县市,警戒度的变化并没有很清晰的规律,但是从时间来看,除了宜恩县和宜都市之外,警戒度均是从低级别向高级别发展,说明有效灌溉面积超载越来越严重。

从10个县市来看,2010—2020年间,仅有2015年和2016年的宜都市呈现可承载状态,其余地区均为超载状态,其中五峰县、长阳县和巴东县的超载率始终排名前3(图5.4)。

2010—2020年清江流域各县市有效灌溉面积率预警信号灯结果

第 5 章 清江流域水资源承载力现状及其警情评价

"十一五"时期，清江流域10个县市的超载率均超过20%，其中超载率最高的3个县市分别是五峰县（超载率为96.1%）、长阳县（超载率为87.84%）、巴东县（超载率为81.96%）。

"十二五"时期，除去宜都市2015年的承载状态为可承载，承载率为3.41%之外，其余县市的承载状态均为超载，但是10个县市的超载率呈现波动下降趋势，其中下降率最高的前3名分别为宜都市（116.34%）、利川市（49.77%）、建始县（21.03%）而这3个县市也是超载率最低的。

"十三五"时期，除宜都市2016年的承载状态为可承载（承载率为3.33%）之外，其余县市均为超载，超载率最高的3个县市分别是长阳县（最高达91.62%）、五峰县（最高达89.5%）和巴东县（最高达86.4%），而这一时期的鹤峰县超载率的最大值为78.46%，超载程度逼近巴东县位居第四。在这一时期，各县市的超载率除咸丰县以外都呈现波动上升趋势，咸丰县2020年相比2016年的超载率下降了2.68%，下降幅度不明显。综合"十二五"和"十三五"两个时期，仅恩施市、利川市、宣恩县、咸丰县、宜都市和五峰县的超载率（2020年相对于2011年）呈现波动下降趋势。其中：宜都市下降率最高，达72.93%；利川市下降率次之，达43.02%。

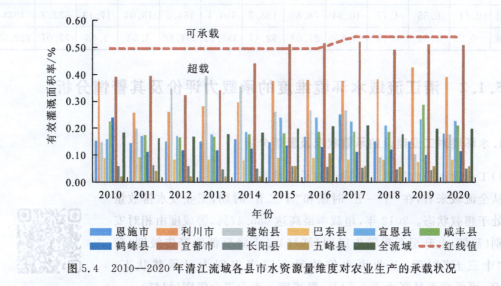

图 5.4　2010—2020年清江流域各县市水资源量维度对农业生产的承载状况

4. 水资源量对农业生产和城镇生活的承载状况

从10个县市来看，利川市水资源开发利用承载量最高，2020年超过2亿 m^3，其次是恩施市（表5.2）。水资源开发利用承载量最低的是宜都市，因宜都市工业用水量远超其他各县市，总用水量达到水资源量的20%左右，所以其水资源开发利用承载量为负；同样因为其城镇生活用水量与工业用水量占比较高，导致城镇建设可用水承载量远高于其他县市。其他例如利川市等工业较不发达、工业用水量少的县市，其城镇建设可用水承载量相对较小。从可承载的灌溉规模、可承载的耕地规模和可承载的城镇建设用地规模指标来看，利川市作为水资源总量最高的地区，其可承载的灌溉规模和可承载的耕地规模指标均是最高的。

表 5.2　2015 年、2020 年清江流域水资源量对农业生产和城镇生活的承载评估值

地区	水资源开发利用承载量/亿 m²		灌溉可用水承载量/亿 m²		可承载的灌溉规模/km²		可承载的耕地规模/km²		城镇可用水承载量/亿 m²		可承载的城镇建设用地规模/km²	
	2015 年	2020 年	2015 年	2020 年	2015 年	2020 年	2015 年	2020 年	2015 年	2020 年	2015 年	2020 年
恩施市	1.49	1.75	0.81	1.58	28.48	49.18	69.42	91.23	2.59	4.26	147.6	185.9
利川市	1.85	2.18	2.17	2.95	90.11	248.1	127.1	274.1	1.50	3.02	98.12	317.6
建始县	1.10	1.22	1.26	2.14	89.42	58.44	116.9	94.11	2.53	3.14	187.0	246.6
巴东县	0.95	1.13	1.13	1.38	31.35	51.71	71.39	91.68	2.40	3.94	148.8	243.8
宣恩县	0.61	0.80	2.59	2.08	86.41	157.4	115.9	187.0	1.64	2.94	86.18	140.6
咸丰县	0.65	0.82	2.11	3.18	61.61	252.6	95.10	277.2	1.76	2.57	89.97	137.8
鹤峰县	0.34	0.42	1.23	2.03	40.92	63.75	59.00	80.82	2.92	4.07	141.0	136.2
宜都市	−0.34	−0.08	2.84	3.83	101.3	134.9	111.5	145.3	14.26	14.35	230.9	263.2
长阳县	0.95	1.04	4.25	4.63	94.34	98.30	144.9	149.4	13.53	10.27	660.1	555.9
五峰县	0.41	0.55	4.77	10.34	78.83	138.7	104.1	164.5	13.04	17.13	522.3	1038
全流域	−0.29	1.51	0.75	1.85	27.03	92.47	339.52	394.68	1.53	3.68	72.07	222.62

5.1.2　清江流域水环境维度的承载力评价及其警情分析

1. 水环境对工业建设的承载状况及警情分析

1) 工业废水排放量对工业建设的承载状况

从全流域来看，在"十一五"时期和"十二五"时期，工业废水排放量一直处于超载状态。2012 年，超载率最高达 686.47%，警戒度由相对安全级别（蓝灯）上升至严重警告级别（红灯）又下降至低度警告级别（黄灯）；"十三五"时期，工业废水排放量下降率表现为可承载状态，2018 年，可承载率最高达 200.54%，警戒度一直为安全级别（绿灯）。

2010—2020 年清江流域各县市工业废水排放量预警信号灯结果

"十一五"时期，清江流域 10 个县市的工业废水排放量，仅宜都市处于超载状态，超载率达到 208.93%，警戒度为中度警告级别（橙灯）；其余 9 个县市均处于可承载状态，警戒度为安全级别（绿灯），承载率排名前 3 位的分别是宣恩县（可承载率为 98.94%）、鹤峰县（可承载率为 94.99%）、咸丰县（可承载率为 91.14%）。

"十二五"时期，清江流域 10 个县市工业废水排放量如图 5.5A 所示。宜都市和长阳县处于超载状态，超载率最高可达 283.7% 和 155.76%，其中长阳县从"十一五"时期的 14.89% 的可承载率上升至 155.76% 的超载率，二者的警戒度最高达到严重警告级别（红灯）。这与长阳县和宜都市大力发展经济，而忽略了社会经济活动对水环境造成的压力相

第 5 章 清江流域水资源承载力现状及其警情评价

关。其余 8 个县市的可承载量变化不大,其中,可承载量剩余空间最大的 3 个县市分别是宣恩县、建始县和鹤峰县,可承载量剩余空间最小的是利川市。

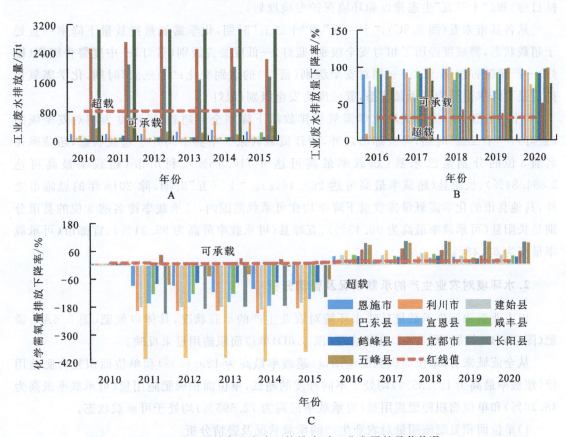

图 5.5　清江流域各县市水环境维度对工业发展的承载状况

A. 2010—2015 年工业废水排放量;B. 2016—2020 年工业废水排放量下降率(以 2015 年为对照基准);
C. 化学需氧量排放量下降率

(2010 年以 2005 年为对照基准,2011—2015 年以 2010 年为对照基准,2016—2020 年以 2015 年为对照基准)

"十三五"时期,清江流域 10 个县市的工业废水排放量较 2015 年的下降率如图 5.5B 所示。《恩施土家族苗族自治州创建国家生态文明建设示范区规划(2015—2022)》和《宜昌市生态建设与环境保护"十三五"专项规划》要求"十三五"时期工业废水排放量(属正向指标)相比 2015 年下降 30%。如图 5.5B 所示,2016 年,除了利川市和巴东县之外,其他县市的工业废水排放量下降率均处于可承载状态,其中恩施市、五峰县、长阳县的工业废水排放量下降率可承载量空间很大,充分体现了恩施州和宜昌市制定的"十三五"生态环境保护规划中提出的"以提高环境质量为核心,实施最严格的环境保护制度,打好大气、水、土壤污染防治三大战役,加强生态保护与修复,严密防控生态环境风险"的重要指示。

2010—2020 年清江流域各县市化学需氧量排放量下降率预警信号灯结果

69

2)化学需氧量排放量下降率对工业发展的承载状况及警情分析

参照湖北省、恩施州和宜昌市的《"十一五"发展规划纲要》《"十二五"主要污染物总量减排目标》和《"十三五"生态建设和环境保护专项规划》。

从各县市来看(图 5.5C),"十一五"和"十二五"时期,化学需氧量排放量下降率一直处于超载状态,警戒度经历了相对安全级别(蓝灯)—低度警告级别(黄灯)—中度警告级别(橙灯)—严重警告级别(红灯)—相对安全级别(蓝灯)的级别变化;"十三五"时期,化学需氧量排放量下降率逆转为可承载状态,警戒度为安全级别(绿灯)。

"十一五"时期,清江流域化学需氧量排放量下降率全部超载,警戒度为相对安全级别(蓝灯)。"十二五"时期,除宜都市之外,清江流域其余 9 个县市均处于超载状态,超载率排名前 3 位的分别是巴东县(超载率最高可达 5 710.16%)、利川市(超载率最高可达 2 894.84%)、长阳县(超载率最高可达 266.46%)。"十三五"时期,除 2018 年的恩施市之外,其他县市的化学需氧量排放量下降率均在可承载范围内,可承载率排名前 3 位的县市分别是长阳县(可承载率最高为 99.45%)、五峰县(可承载率最高为 95.31%)、宜都市(可承载率最高为 65.43%)。

2. 水环境对农业生产的承载状况及警情分析

以农业面源污染承载量反映水环境对农业生产的承载状况,具体以氮肥(图 5.6A)、磷肥(图 5.6B)、钾肥(图 5.6C)和复合肥(图 5.6D)单位面积施用量来反映。

从全流域来看,单位面积氮肥施用量(超载率最高为 129.15%)和单位面积复合肥施用量(超载率最高为 123.35%)均处于不同程度的超载,单位面积磷肥施用量(可承载率最高为 48.26%)和单位面积钾肥施用量(可承载率最高为 72.595%)均处于可承载状态。

1)单位面积氮肥施用量对农业生产的承载状况及警情分析

"十一五"时期(图 5.6A),仅宜恩县和长阳县处于可承载状态,但可承载量的剩余空间并不多;其余 8 个县市均处于超载状态,其中鹤峰县超载率为 192.91%,五峰县超载率为 114.05%,恩施市超载率为 113.65%。

"十二五"时期(图 5.6A),宜恩县和长阳县的承载状态在可承载和超载之间切换;其余 8 个县市均处于超载状态,其中鹤峰县超载率最高可达 204.27%,利川市超载率最高可达 191.73%,建始县超载率最高可达 175.66%。

2010—2020 年清江流域各县市单位面积氮肥施用量预警信号灯结果

"十三五"时期(图 5.6A、E),宜恩县的承载状态为可承载,其余均超载,但相比"十二五"时期,其超载率都有所下降。

2)单位面积磷肥施用量对农业生产的承载状况及警情分析

"十一五"时期(图 5.6B),鹤峰县和五峰县为超载状态,鹤峰县的超载率达到 34.2%,五峰县处于刚刚超载的状态,超载率为 4.61%;其余 8 个县市中的长阳县、巴东县和宜都市的可承载量空间最大,长阳县的可承载率为 79.2%,巴东县的可承载率为 67.3%,宜都市的可承载率为 65.45%。

2010—2020 年清江流域各县市单位面积磷肥施用量预警信号灯结果

第 5 章 清江流域水资源承载力现状及其警情评价

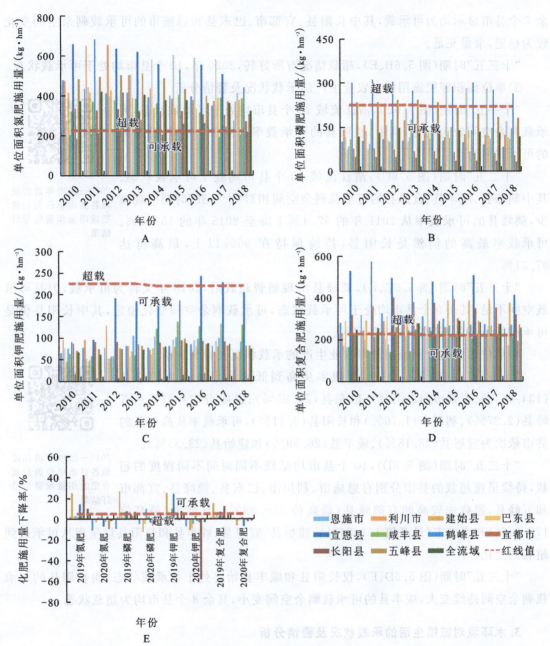

图 5.6 清江流域各县市水环境维度对农业生产的承载状况
A. 2010—2018 年单位面积氮肥施用量；B. 2010—2018 年单位面积磷肥施用量；C. 2010—2018 年单位面积钾肥施用量；D. 2010—2018 年单位面积复合肥施用量；E. 2019 年、2020 年较 2018 年的化肥施用量下降率

"十二五"时期（图 5.6B），鹤峰县始终处于超载状态，超载率排名第一，最高可达 38.83%；五峰县从 2011 年超载边缘到 2013 年的超载率最高达到 7.83% 之后下降，直到 2015 年逆转为可承载状态，可承载率为 1.38%；建始县从 2011 年的最高可承载率 （48.42%）一直下降至 2014 年的 5.41%，2015 年承载状态呈现超载，超载率为 32.84%；其

余 7 个县市显示均为可承载,其中长阳县、宜都市、巴东县和恩施市的可承载剩余空间变化较为稳定,余量充足。

"十三五"时期(图 5.6B、E),超载情况有所好转,2020 年,10 个县市均处于可承载状态。

3)单位面积钾肥施用量对农业生产的承载状况及警情分析

"十一五"时期(图 5.6C),清江流域 10 个县市均处于可承载状态,可承载剩余空间较为充足,其中,长阳县的可承载率达到 92.68%,巴东县的可承载率为 79.87%。

2010—2020 年清江流域各县市单位面积钾肥施用量预警信号灯结果

"十二五"时期(图 5.6C),清江流域 10 个县市均处于可承载状态。其中鹤峰县、咸丰县、宣恩县的可承载剩余空间相对"十一五"时期出现减少,鹤峰县的可承载率从 2011 年的 57.4% 下降至 2015 年的 15.38%。可承载率最高的仍然是长阳县,持续保持在 96% 以上,最高可达 97.31%。

"十三五"时期(图 5.6C、E),鹤峰县出现短暂超载后,2018 年又转为可承载,但是可承载空间不足;其余 9 个县市均处于可承载状态,可承载剩余空间变化稳定,其中长阳县仍是可承载率最高的,最高可达 97.54%。

4)单位面积复合肥施用量对农业生产的承载状况及警情分析

"十一五"时期(图 5.6D),超载率从高到低的县市依次为鹤峰县(134.66%)、宜都市(42.01%)、巴东县(28.95%)、恩施市(24.88%)、五峰县(2.27%)、利川市(1.76%)和长阳县(0.71%),可承载率从高到低的县市依次为宣恩县(28.18%)、咸丰县(26.89%)和建始县(23.35%)。

2010—2020 年清江流域各县市单位面积复合肥施用量预警信号灯结果

"十二五"时期(图 5.6D),10 个县市均呈现不同时间不同程度的超载,持续呈现超载的县市分别有恩施市、利川市、巴东县、鹤峰县、宜都市和五峰县,超载率较高的有鹤峰县(最高值 349.99%)、宜都市(最高值 177.01%)和恩施市(最高值 101.84%),建始县、宣恩县、咸丰县和长阳县均呈现从可承载到超载的变化。

"十三五"时期(图 5.6D、E),仅长阳县和咸丰县始终处于可承载状态,而长阳县的可承载剩余空间持续变大,咸丰县的可承载剩余空间变小,其余 8 个县市均为超载状态。

3. 水环境对城镇生活的承载状况及警情分析

从全流域来看:水源地水质达标率持续呈现可承载状态(图 5.7),表明清江流域自身的水质较好;生活污水处理率在 2010—2014 年(图 5.7A)均呈现超载状态,但是超载率逐渐降低,2015—2020 年逆转为可承载状态,2019 年最高达 13.21%。

1)生活污水处理率对城镇生活的承载状况及警情分析

"十一五"时期,恩施市、巴东县、宣恩县、鹤峰县、宜都市和五峰市处于可承载状态,可承载率分别是 5.12%、24.35%、9.67%、9.2%、

2010—2020 年清江流域各县市生活污水处理率预警信号灯结果

第 5 章 清江流域水资源承载力现状及其警情评价

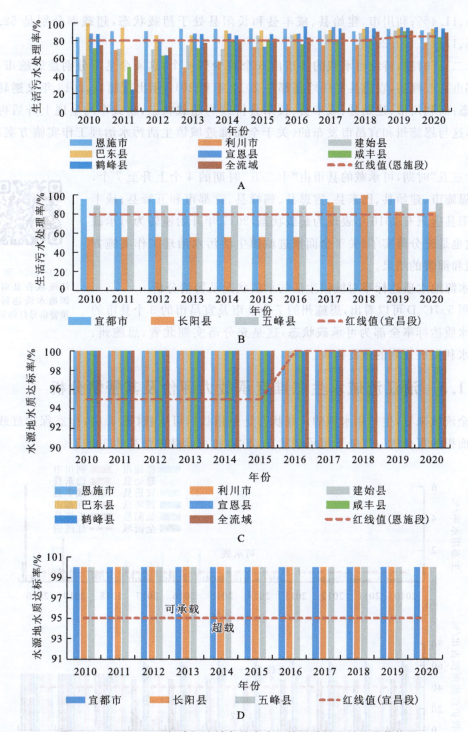

图 5.7 2010—2020 年清江流域各县市水环境对城镇生活的承载状况
A. 恩施段与全流域生活污水处理率；B. 宜昌段生活污水处理率；C. 恩施段与全流域水源地水质达标率；D. 宜昌段水源地水质达标率

19.69%、11.4%；利川市、建始县、咸丰县和长阳县处于超载状态,超载率分别是 52.8%、22.14%、11.4%、30.29%。

"十二五"时期,持续可承载的县市由 6 个减少到 4 个,这 4 个县市分别是恩施市,巴东县、宜都市和五峰县,宣恩县和鹤峰县都在 2011 年和 2012 年出现超载,2013 年又逆转为可承载状态;而利川市、建始县、咸丰县、长阳县持续为超载状态,超载率均呈现上升后再回落的趋势,这与恩施州和宜昌市发布的《关于全面推进城镇生活污水治理工作实施方案》的政策相关。

"十三五"时期,可承载的县市由"十二五"时期的 4 个上升至 7 个,分别是恩施市、建始县、巴东县、宣恩县、鹤峰县、宜都市和五峰县;咸丰县和长阳县也只有 2016 年表现为超载状态,2017 年开始逆转为可承载状态,这也是充分落实了《关于全面推进城镇生活污水治理工作实施方案》政策和部署的结果。

2) 水源地水质达标率对城镇生活的承载状况及警情分析

从图 5.7C、D 可以看出,恩施州的 7 个县市及宜昌市的 3 个县市的水源地水质达标率全部为可承载状态,这是充分落实湖北省、恩施州、宜昌市水利发展规划的重要体现。

2010—2020 年清江流域各县市水源地水质达标率预警信号灯结果

5.1.3 清江流域水生态维度承载力评价及其警情分析

从全流域来看,生态用水率的承载状态是先超载后可承载(图 5.8),生态保护红线面积占国土面积的百分比一直处于可承载状态,2020 年可承载率最高达 30.73%。

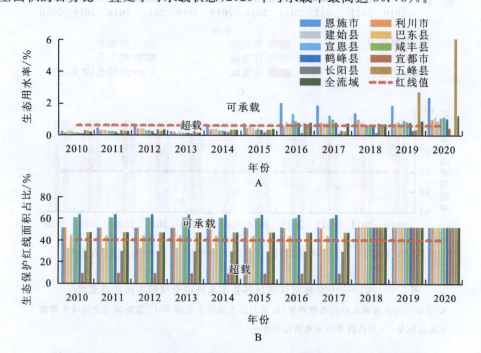

图 5.8 2010—2020 年清江流域各县市水生态维度对生态保护的承载状况
A. 生态用水率；B. 生态保护红线面积占比

1. 生态用水率对生态保护的承载状况及警情分析

"十一五"时期,清江流域 10 个县市全部处于超载状态,其中宜都市超载率高达 84.37%,鹤峰县超载率为 64.83%,五峰县超载率为 60.62%。

"十二五"时期,相比"十一五"时期,超载状态有所好转,其中恩施市在 2013 年的承载状态逆转为可承载,可承载率由 2013 年的 5.07%一直攀升到 2015 年的 237.86%;建始县、宜恩县、咸丰县、鹤峰县、长阳县均是从 2015 年逆转为可承载,可承载率分别是 38.55%、120.33%、46.33%、32.88%、22.57%;利川市、巴东县、宜都市和五峰县均持续处于超载状态,宜都市超载率最高,为 82.87%。

"十三五"时期,恩施州包括的 7 个县市,即恩施市、利川市、建始县、巴东县、宣恩县、咸丰县和鹤峰县,全部处于可承载状态,并且承载率持续上升;虽然宜都市、长阳县和五峰县出现超载,但是到 2020 年全部为可承载状态,这与《恩施州"三线一单"生态环境分区管控实施方案》《宜昌市"三线一单"生态环境分区管控实施方案》相关。

2010—2020 年清江流域各县市生态用水率预警信号灯结果

2. 生态保护红线面积占比对生态保护的承载状况及警情分析

经计算,清江流域生态保护红线面积 13 959km²,鹤峰县的生态保护红线面积最大,达 1 837.8km²,占鹤峰县行政区面积的 64.08%,占整个清江流域生态保护红线面积的 13.16%;宜都市的生态保护红线面积最小,达 128.7km²,占宜都市行政区面积的 9.48%,占整个清江流域生态保护红线面积的 0.92%。2017 年,建始县、宜都市、长阳县的生态保护红线面积占比的承载潜力表现为超载(图 5.8B),其中宜都市的承载力潜力赤字最大,为 77.02%。2018 年之后,10 个县市均表现为可承载状态。

2010—2020 年清江流域各县市生态保护红线面积占比预警信号灯结果

5.2 清江流域水资源承载力集成评价及其警情分析

5.2.1 清江流域水资源承载力集成评价模型

从图 5.9 可以看出,TOPSIS 测算的水资源承载力指数与 CPM 测算的安全等级的变化趋势一致,体现了承载状态与预警等级之间的对应关系。

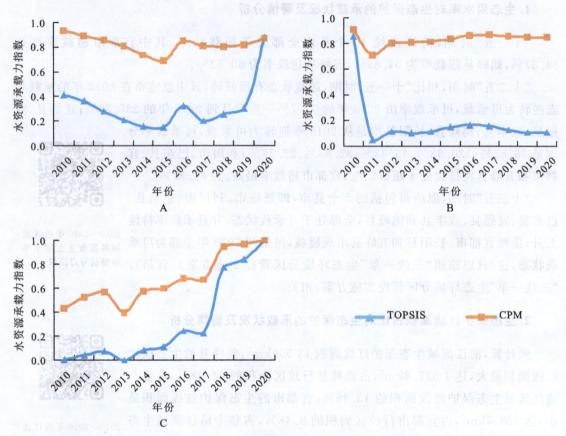

图 5.9 2010—2020 年清江流域 TOPSIS 和 CPM 水资源承载力与安全等级结果对照图
A. 水资源量维度；B. 水环境维度；C. 水生态维度

5.2.2 全流域水资源承载力集成评价及其警情分析

1. 评价指标体系权重的计算

采用极差标准化转换法对判断矩阵进行无量纲化处理得到一个标准化矩阵，通过熵权法[式(4.9)]对评价指标(表 3.3 中的先行指标)进行客观赋权，并进一步计算指标的权重值(表 5.3)。

2. 构建清江流域水资源承载力突变模型

依据突变级数理论，笔者提出清江流域水资源承载力预警指标体系的突变模型，具体模型见图 5.10。突变模型分为 3 个层次，第三层级包括 18 项具体指标，分别有折叠突变模型、尖点突变模型和蝴蝶突变模型；第二层级由8个要素层构成，包括折叠突变模型、燕尾突变模型和蝴蝶突变模型；第一层级是由3个准则层构成的燕尾突变模型，以清江流域水资源承载力隶属度作为总评价指标。

表5.3 清江流域水资源承载力评价指标权重值

目标层	准则层	指标层	权重值	指标属性
水资源量(A1) 0.427 4	社会经济发展(B1)0.056 2	万元GDP用水量	0.056 2	逆
	工业建设(B2)0.048 0	单位工业增加值用水量	0.048 0	逆
	农业生产(B3)0.210 8	有效灌溉面积率	0.033 2	正
		灌溉可用水承载量	0.053 7	正
		可承载的耕地规模	0.047 6	正
		可承载的灌溉规模	0.076 3	正
	城镇生活(B4)0.112 4	城镇建设可用水承载量	0.051 9	正
		可承载的城镇建设用地规模	0.060 5	正
水环境(A2) 0.416 6	工业建设(B5)0.059 8	化学需氧量排放量下降率	0.053 4	正
		工业废水排放量	0.006 4	逆
	农业生产(B6)0.129 8	单位面积氮肥施用量	0.011 1	逆
		单位面积磷肥施用量	0.046 2	逆
		单位面积钾肥施用量	0.052 1	逆
		单位面积复合肥施用量	0.020 4	逆
	城镇生活(B7)0.227 0	生活污水处理率	0.029 2	正
		水源地水质达标率	0.197 8	正
水生态(A3) 0.156 1	生态保护(B8)0.156 1	生态用水率	0.054 0	正
		生态保护红线面积占比	0.102 1	正

根据上述各指标标准化过程和突变级数模型隶属度计算公式，隶属度指数为[0,1]的标准化数据。隶属度指数越逼近1，表明警情指标对应的系统运行状态处于越安全的理想状态；而隶属度指数越接近0，则表明其警情指标的危急程度越严重。参照相关学者的分级标准，本书采用分段法构建水资源承载力警戒度和预警信号灯划分标准。对照绝对意义下的常规等级标准和研究区实际，清江流域的水资源承载力集成评价警戒度划分标准和预警信号灯颜色如表5.4所示。

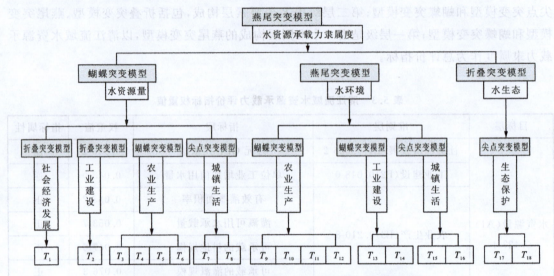

图 5.10　清江流域水资源承载力隶属度评价突变级数模型

表 5.4　清江流域的水资源承载力集成评价隶属度警戒等级标准

安全等级	指数	警戒度级别	预警信号灯
Ⅴ	[0,0.2]	严重警告	红灯
Ⅳ	(0.2,0.4]	中度警告	橙灯
Ⅲ	(0.4,0.6]	低度警告	黄灯
Ⅱ	(0.6,0.8]	相对安全	蓝灯
Ⅰ	(0.8,1.0]	安全	绿灯

由初始隶属度矩阵计算可得到水资源承载力的第二级指标和第一级指标的隶属度（图 5.11），通过 TOPSIS 可以测算 2010—2020 年清江流域的水资源承载力集成评价指数（表 5.5）。

图 5.11　2010—2020 年清江流域水资源承载力综合维度预警评价图

第5章 清江流域水资源承载力现状及其警情评价

表 5.5 2010—2020 年清江流域水资源承载力集成评价

年份	水资源(A1)	水环境(A2)	水生态(A3)	综合值
2010	0.41	0.86	0.01	1.28
2011	0.36	0.05	0.04	0.45
2012	0.28	0.11	0.07	0.07
2013	0.21	0.10	0.01	0.32
2014	0.15	0.11	0.08	0.34
2015	0.15	0.15	0.11	0.41
2016	0.33	0.16	0.24	0.72
2017	0.20	0.16	0.23	0.59
2018	0.26	0.12	0.77	1.15
2019	0.30	0.10	0.84	1.24
2020	0.88	0.10	0.99	1.97

从表5.5和图5.11可以看出，2010—2020年清江流域的水资源承载力综合值处于动荡变化的态势，警情指标隶属度从0.81波动上升至0.92，警戒度处于相对安全级别及以下的预警状态，随着"两型社会"建设、生态文明等战略的深入推进，恩施段和宜昌段对水资源节约、水环境保护和水生态建设的重视程度不断提升，相继出台了最严格的水资源管理制度、控制重点污染物耗排等政策制度，确定了生态保护红线，通过以上生态环境管控政策的驱动，国土资源、水资源集约节约利用水平明显提升，水环境质量逐渐好转，公园绿地、森林等生态空间面积大幅提升，水资源承载力警情下降显著，表明了清江流域支撑湖北省、长江经济带甚至全国高质量发展的良好承载潜力。2010—2013年，隶属度指数从0.81下降至0.79。2012—2013年，水资源承载力下降至最低，警戒度处于相对安全警告，属于蓝灯区。这主要是因为2013年的生态用水率下降，而生产用水量上升，导致总用水量升高，此阶段水资源量-水环境-水生态虽然受到一定破坏，但各子系统功能仍可恢复重建，水资源系统对社会经济系统有一定的约束，对区域协调可持续发展具有一定影响。2014—2020年，水资源承载力指数和隶属度指数呈波动上升趋势，2014年隶属度指数上升至绿灯区，表明水资源量-水环境-水生态系统现状良好，水资源系统与社会经济系统向更好协调发展水平迈进。

(1) 从水资源量维度分析，警戒度从安全级别下降至相对安全级别又回升到安全级别，主要分为4个阶段。第一个阶段是2010—2015年，警戒度由安全级别逐级下滑至相对安全级别，预警信号灯为蓝灯，这可能与宜昌市的"十二五"水利发展规划中，万元GDP用水量的控制指标为 $14.4 m^3$/万元，与实际用水强度相差较大相关；第二个阶段是2016—2017年的短暂上升期，警戒度为安全级别，预警信号灯为绿色；第三个阶段是2018年的再次下降期，警戒度为相对安全级别，预警信号灯表现为蓝灯；第四个阶段是2019—2020年的上升期，隶属度由0.82上升至0.87，警戒度为安全级别，预警信号灯表现为绿灯。近年来，恩施州和宜昌市加强水资源保护和集约节约利用,实行最严格的水资源管理制度、积极推动"双控行动",万元GDP用水量和单位工业增加值用水量呈显著下降态势,从而促进了水资源承载力的提升。总体而言,受灌溉规模、灌溉用水等因素的影响,水资源承载力仍面临一定的挑战,比如有效灌溉面积超载30%以上,水资源利用方式粗犷,单位工业增加值用水量和万元GDP用水量仍与水资源定额目标约束值有一定距离。

(2)从水环境维度分析,警戒度由安全级别下降至相对安全级别又上升至安全级别,主要分两个阶段。第一个阶段是2010—2011年的下降期,隶属度由0.91下降至0.71,警戒度由安全级别下降至相对安全级别,预警信号灯由绿灯转为蓝灯;第二个阶段是2012—2020年的波动上升期,警戒度处于安全级别,预警信号灯一直处于绿灯标示区。这与近年来恩施州和宜昌市强化打好水、土、气"三大战役"的攻坚战,强化多污染源的高效整治,降低重点污染物的耗排,深入贯彻落实环境风险监管和提高环境监督力度紧密相连,在这些利好政策和制度的引导下,清江流域各县市水环境治理持续改善,承载力稳步提升,警戒度向好转变。

(3)相较于以上两个系统,水生态系统的变化较大。警戒度从低度警告级别、中度警告级别、相对安全级别到安全级别,主要分3个阶段。第一个阶段是2010—2012年的上升期,此阶段的警戒度处于低度警告级别,虽然存在安全预警,但是水生态承载力指数和隶属度属于稳定上升;第二个阶段是2012—2013年的短暂下滑期,承载力指数由0.07下降至0.01,警戒度又下降至中度警告级别;第三个阶段是2014—2020年的承载力指数稳定上升期,警戒度从低度警告级别上升至安全级别,预警信号灯由黄灯转为绿灯。2017—2018年,承载力指数从0.23飞速上升至0.77。最近几年,清江流域一直秉承"金山银山"的发展思想,加强了对自然生态系统的恢复和保护、生物多样性保护、生态保护红线面积管控和城镇绿色发展,生态文明建设水平得到不断提升,为清江流域水生态承载力的提升提供了重要保障。

综合水资源量维度、水环境维度和水生态维度的隶属度值可以看出:近年来清江流域的水资源量、水环境和水生态的承载力保持在良好承载状态,可以为支持湖北省打造绿色增长极、长江经济带打造清江绿色廊道甚至是全国主体功能区规划做出较高的贡献;但是相比水环境和水资源量维度,水生态维度的承载力指数大幅上升,这也体现了国家对于清江流域的定位是国家重点生态功能区。

5.2.3 10个县市水资源承载力集成评价及其警情分析

从表5.6和图5.12可以看出,清江流域10个县市的承载力指数较高,警戒度全部处于相对安全及以下级别,预警信号灯表现为蓝灯和绿灯。

(1)"十一五"时期。恩施市水资源承载力最强,远超其他县市,警戒度为安全级别,预警信号灯表现为绿灯。宜都市水资源综合承载力最弱,警戒度为相对安全级别,预警信号灯为蓝灯。

(2)"十二五"时期。恩施市水资源综合承载力最强,警戒度为安全级别,预警信号灯为绿灯。长阳县的综合承载力排在恩施市之后,位居第二,警戒度为安全级别(绿灯)。宜都市的综合承载力依然最弱,警戒度由相对安全级别下降至安全级别,预警信号灯由蓝灯转绿灯。

(3)"十三五"时期。2019年,五峰县的综合承载力超越恩施市,位居第一,且持续上升,并在2020年达到最大,而恩施市的综合承载力持续下降。10个县市的警戒度都在相对安全及相对安全以上,预警信号灯表现为蓝色及绿色。

表 5.6 清江流域 10 县市 2010—2020 年水资源承载力集成评价

地区	2010年	2011年	2012年	2013年	2014年	2015年	2016年	2017年	2018年	2019年	2020年
恩施	1.60	1.67	1.69	1.74	1.77	1.76	1.77	1.83	1.54	1.44	1.28
利川	0.86	1.09	1.09	0.96	0.86	0.94	0.86	0.84	1.05	0.75	0.67
建始	0.87	0.86	0.99	0.83	1.03	1.02	0.83	0.80	0.71	0.47	0.42
巴东	0.86	0.85	0.84	0.98	0.81	0.76	0.64	0.79	0.72	0.67	0.43
宣恩	0.73	0.90	0.92	0.76	0.73	0.75	1.13	1.13	1.15	0.70	0.57
咸丰	0.76	0.94	0.93	0.86	0.77	0.79	0.81	0.89	0.92	0.76	0.68
鹤峰	0.86	1.01	1.03	0.90	0.77	0.84	0.92	0.93	1.01	0.61	0.43
宜都	0.55	0.66	0.91	0.83	0.88	0.86	0.71	0.71	0.68	0.83	0.59
长阳	1.22	1.20	1.37	1.56	1.33	1.16	1.08	1.00	1.03	0.84	0.65
五峰	1.48	1.42	1.10	1.08	1.05	1.09	1.13	0.82	0.88	1.69	1.85

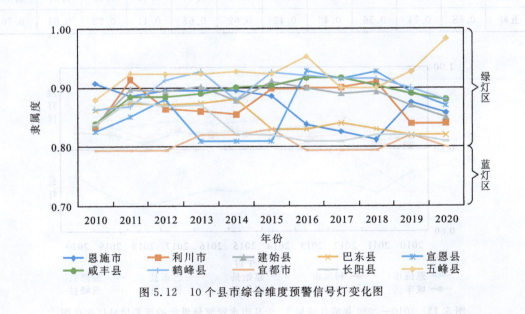

图 5.12 10 个县市综合维度预警信号灯变化图

清江流域水资源承载力评价

为进一步分析清江流域水资源承载力演化的动因，找到该区域水资源承载力的短板，本书从水资源量、水环境、水生态3个维度剖析了 10 个县市水资源承载力的表现特征（图 5.13~图 5.15，表 5.7~表 5.9）。

10 个县市的水资源承载力评价指标权重值一览

1. 水资源量维度的承载力指数评价和警情分析

水资源量维度的承载力指数评价和警情分析如表 5.7 和图 5.13 所示。

表 5.7　2010—2020 年清江流域 10 个县市水资源量维度的承载力集成评价

地区	2010年	2011年	2012年	2013年	2014年	2015年	2016年	2017年	2018年	2019年	2020年
恩施	0.10	0.10	0.12	0.13	0.14	0.11	0.11	0.16	0.06	0.11	0.14
利川	0.30	0.24	0.29	0.30	0.28	0.33	0.34	0.30	0.24	0.39	0.38
建始	0.21	0.21	0.37	0.43	0.40	0.29	0.28	0.24	0.10	0.16	0.14
巴东	0.11	0.14	0.14	0.19	0.17	0.14	0.15	0.15	0.09	0.14	0.13
宣恩	0.23	0.23	0.29	0.29	0.26	0.30	0.38	0.27	0.61	0.29	0.24
咸丰	0.25	0.21	0.27	0.28	0.25	0.24	0.24	0.22	0.17	0.33	0.35
鹤峰	0.28	0.20	0.30	0.26	0.23	0.22	0.21	0.19	0.19	0.19	0.16
宜都	0.28	0.35	0.57	0.52	0.58	0.58	0.53	0.48	0.34	0.60	0.45
长阳	0.38	0.46	0.67	0.68	0.71	0.66	0.66	0.69	0.39	0.57	0.39
五峰	0.68	0.74	0.56	0.46	0.42	0.62	0.66	0.41	0.28	0.64	0.70

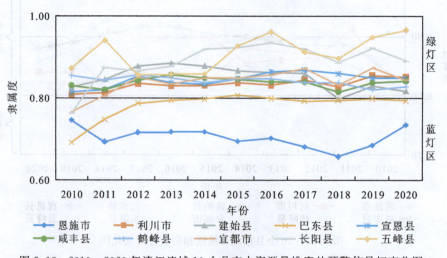

图 5.13　2010—2020 年清江流域 10 个县市水资源量维度的预警信号灯变化图

第5章 清江流域水资源承载力现状及其警情评价

(1)"十一五"时期。五峰县的水资源量承载力最强,警戒度表现为安全级别,预警信号灯为绿灯。恩施市的承载力最弱,巴东县次之,警戒度表现为相对安全级别,预警信号灯为蓝灯。

(2)"十二五"时期。宜昌市的水资源量承载力强于恩施州。宜昌市长阳县的水资源量承载力最强,警戒度均为安全级别,预警信号灯表现为绿灯。恩施州利川市和建始县的水资源量承载力最强,警戒度为安全级别,预警信号灯表现为绿灯;恩施市的水资源量承载力最弱,警戒度为相对安全级别,预警信号灯表现为蓝灯。

(3)"十三五"时期。唯有五峰县的水资源量承载力呈现先下降后上升的态势,2020年的水资源量承载力最强,这主要是因为2020年五峰县降水量丰富,农业用水下降,警戒度为安全级别。长阳县的水资源量承载力表现为先下降后上升再下降,警戒度始终处于安全级别。恩施市、利川市、建始县、宣恩县、咸丰县、鹤峰县和宜都市的水资源量承载力呈波动下降的变化态势,警戒度处于相对安全级别及以下级别,预警信号灯表现为蓝灯和绿灯。

虽然长阳县、五峰县、宜都市、利川市的水资源开发利用效率并不高,但它们尚可使用的水资源量高。长阳县、五峰县对灌溉可用水承载量、可承载的耕地规模、可承载的灌溉规模、城镇建设可用水承载量、可承载的城镇建设用地规模均有很强的承载力,宜都市对可承载的耕地规模和可承载的灌溉规模有较强的承载力,利川市对可承载的灌溉规模和可承载的城镇建设用地规模等均有较强的承载力。恩施市和巴东县的水资源量维度承载力较低主要是由于农业用水效率不高及农业生产承载力弱。

2. 水环境维度的承载力指数评价及警情分析

水环境维度的承载力指数评价及警情分析如表5.8和图5.14所示。

表5.8 2010—2020年清江流域10个县市水环境维度的承载力集成评价

地区	年份										
	2010	2011	2012	2013	2014	2015	2016	2017	2018	2019	2020
恩施	0.73	0.70	0.68	0.70	0.71	0.73	0.74	0.75	0.66	0.69	0.82
利川	0.12	0.16	0.18	0.14	0.12	0.11	0.21	0.08	0.10	0.10	0.12
建始	0.06	0.11	0.10	0.12	0.13	0.17	0.19	0.18	0.12	0.06	0.10
巴东	0.09	0.12	0.11	0.10	0.14	0.14	0.22	0.23	0.15	0.32	0.14
宣恩	0.05	0.06	0.08	0.10	0.10	0.08	0.10	0.19	0.15	0.14	0.15
咸丰	0.06	0.11	0.10	0.10	0.12	0.12	0.11	0.10	0.14	0.12	0.15
鹤峰	0.22	0.25	0.22	0.21	0.22	0.22	0.27	0.26	0.10	0.10	0.10
宜都	0.27	0.30	0.33	0.31	0.30	0.29	0.18	0.22	0.34	0.23	0.14
长阳	0.09	0.23	0.22	0.22	0.24	0.22	0.11	0.13	0.12	0.13	0.19
五峰	0.13	0.17	0.16	0.15	0.20	0.15	0.17	0.16	0.15	0.16	0.19

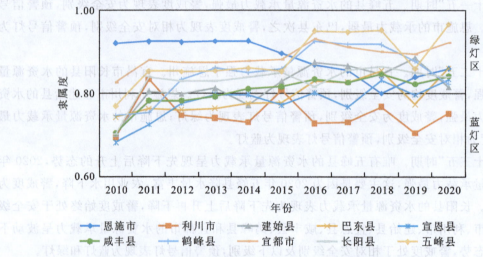

图 5.14　2010—2020 年清江流域 10 个县市水环境维度的预警信号灯变化图

(1)"十一五"时期。恩施市的水环境承载力最强,远超其他县市,宜都市次之,警戒度为安全级别。建始县和宣恩县的水环境承载力最弱,警戒度为相对安全级别。利川市、巴东县、咸丰县、鹤峰县、长阳县和五峰县的警戒度均表现为相对安全级别。

(2)"十二五"时期。恩施市的水环境承载力远超其他县市,持续保持最强承载状态,警戒度为安全级别,宜昌市的五峰县、长阳县和宜都市的水环境承载力也较强并持续保持稳定状态,警戒度为安全级别。

(3)"十三五"时期。恩施市的水环境承载力依然最强,警戒度为安全级别;宜昌市的 3 个县市在水环境维度均表现出较强的承载力。建始县和咸丰县水环境对农业生产超载较严重,主要表现为农业氮肥施用量的超载;巴东县、鹤峰县和宣恩县的水环境对农业生产处于超载状态,分别表现为复合肥、磷肥和氮肥的超载;利川市和建始县的水环境对城镇生活处于超载状态;宜都市的水环境对生活表现更强的承载力,长阳县和五峰县的水环境对工业建设和农业生产表现出更强的承载力。

3. 水生态维度的承载力指数评价及警情分析

水生态维度的承载力指数评价及警情分析如表 5.9 和图 5.15 所示。

(1)"十一五"和"十二五"时期。恩施市的水生态承载力最强,警戒度处于安全级别,预警信号灯表现为绿灯。宜都市水生态承载力最弱,警戒度处于中度警告级别,预警信号灯表现为黄灯。

(2)"十三五"时期。恩施的水生态承载力最强,但是于 2019 年被五峰县超越。这主要是因为五峰县的生态用水量上升,导致生态用水率上升,二者警戒度均处于安全级别。宜都市的水生态承载力最弱,2016—2019 年,警戒度处于中度警告级别,2020 年警戒度下降至低度警告级别。

第5章 清江流域水资源承载力现状及其警情评价

表5.9 2010—2020年清江流域10个县市水生态维度的承载力集成评价

地区	2010年	2011年	2012年	2013年	2014年	2015年	2016年	2017年	2018年	2019年	2020年
恩施	0.78	0.87	0.89	0.91	0.92	0.92	0.92	0.92	0.82	0.65	0.32
利川	0.44	0.69	0.63	0.52	0.46	0.49	0.31	0.46	0.72	0.27	0.17
建始	0.60	0.54	0.52	0.28	0.49	0.56	0.36	0.39	0.49	0.25	0.18
巴东	0.65	0.63	0.59	0.69	0.50	0.49	0.27	0.41	0.48	0.22	0.16
宣恩	0.45	0.62	0.55	0.37	0.37	0.37	0.65	0.67	0.39	0.27	0.18
咸丰	0.46	0.62	0.57	0.49	0.40	0.43	0.46	0.56	0.61	0.33	0.18
鹤峰	0.36	0.55	0.50	0.43	0.32	0.39	0.44	0.48	0.63	0.32	0.17
宜都	0.00	0.00	0.00	0.00	0.00	0.00	0.00	0.00	0.00	0.00	0.00
长阳	0.75	0.50	0.48	0.66	0.37	0.28	0.31	0.18	0.51	0.14	0.07
五峰	0.66	0.51	0.39	0.47	0.43	0.33	0.30	0.25	0.45	0.89	0.96

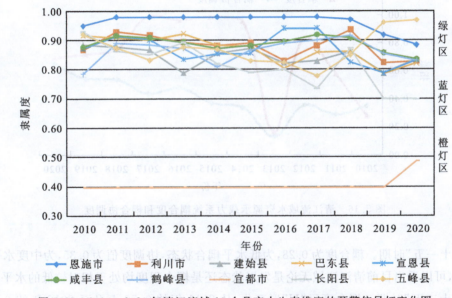

图5.15 2010—2020年清江流域10个县市水生态维度的预警信号灯变化图

若将作为农产品主体功能区的宜都市纳入清江流域生态功能重点保护范畴,它将处于严重失调状态。这也体现了资源承载力的评价必须结合主体功能定位的特点。然而,结合当前现代服务业、生态农业、生态旅游等的发展,宜都市确实有必要提升水生态承载力,以促进农业与水生态旅游的有机结合。其他9个县市均属于重点生态功能区,宜昌市、长阳县和五峰县的水生态用水率均有待提升。

5.3 清江流域的水资源承载力的耦合协调发展评价

水资源承载力是测度水资源与社会经济发展协调度的一个关键标准。通过分析清江流域水资源承载力子系统之间的耦合协调度及其综合影响,整个系统的功能得以充分发挥和全面的积极作用,并使各要素的协同作用成为系统内外协同运作的基础和发展方向。

5.3.1 全流域耦合协调度发展评价

利用式(4.31)和式(4.32)计算清江流域 2010—2020 年水资源承载力系统耦合度和耦合协调度,如图 5.16 所示。

图 5.16 清江流域水资源承载力系统耦合度和耦合协调度

(1)"十一五"时期。耦合度为 0.28,为低水平耦合状态,协调度值为 0.35,为中度水平耦合协调状态,可以看出目前清江流域无论是发展状态还是耦合程度均处于相对较低的水平。

(2)"十二五"时期。耦合度呈"U"形变化:从 2011 年的 0.58 上升至 2012 年的 0.84,对应着从磨合阶段进入高水平耦合阶段发展;2013 年又下跌至 0.17,处于整个研究期的最低值,对应着磨合阶段,此时系统之间或系统内部的要素之间处于无关状态,系统将向无序结构发展;2014—2015 年又急剧上升至 0.99,此时系统之间或系统内部的要素之间达到了良性共振耦合,趋于一个新的有序结构。协调度也呈现"U"形发展模型,与耦合度的趋势变化一致:从 2011 年的 0.29 上升至 2012 年的 0.36,突破了从低度水平向中度水平协调发展跨越的现状;随后下降至 2013 年的 0.13,处于整个研究时期的最低值,整体协同发展为逆发展,主要是 2013 年清江流域生产用水量上升导致总用水量上升,同时城镇生态用水量下降,生态用水率下降,水生态维度承载力指数下降明显,进而导致水资源量-水环境-水生态之间的发展速度不一样,因此,系统整体的耦合发展程度还不高,反映出清江流域"水资源量结构问题、水环境受污染物排放的威胁、水电站密布,生物多样性下降"等生态环境现状;2014—2015年又上升至0.37,保持中度水平协调发展。

(3) "十三五"时期。耦合度从2016年的0.96上升至2017年0.99,保持高水平耦合状态,几乎接近完美耦合的发展模式,系统向良性耦合方向转变;又从2018年的0.75持续下降至2020年的0.69,稳定在磨合耦合阶段。协调度从0.48波动式上升至0.65,从中度水平耦合协调向高度水平耦合协调方向发展,整体协同发展效应显现。这种变化结果反映出清江流域"退田还湖、退耕还林、移民建镇"等举措已初见成效。

(4) 从整体的变化过程来看,耦合度分3个阶段。第一个阶段,2010—2012年的急剧上升阶段,实现了从低水平耦合向高水平耦合发展的大跨越;第二个阶段,2012—2015年的"U"形振荡阶段,经历了高水平耦合—低水平耦合—高水平耦合,其中在2013年,耦合度处于最低值(0.17),主要原因在于2013年清江流域生产用水量上升,导致总用水量上升,同时城镇生态用水量下降,生态用水率下降,水生态系统构成要素之间的耦合度较差,导致3个系统趋于无序化发展;第三个阶段,2016—2020年的趋于稳定阶段。

(5) 协调度和耦合度的趋势变化保持一致,可分为3个时期。第一个时期,2010—2012年的较小波动期,表现为中度水平协调—低度水平协调—中度水平协调;第二个时期,2012—2015年的"U"形振荡期,虽然也表现为中度水平协调—低度水平协调—中度水平协调的变化,其中2013年耦合协调度处于最低值(0.13),主要是因为用水总量增加,但是生态用水量下降,可能受制于当年恶劣的气候环境变化和"两型社会"构建战略的实施,指标数据变化较大;第三个时期,2016—2020年的趋于稳定期。

(6) 在变化趋势基本趋同的情况下,耦合度年均增长率达472.09%,大于协调度的158.66%。这表明:①水资源承载力系统耦合性的强度大于内部协调性,②水资源开发利用过程中资源、生态环境、社会经济活动之间的协调水平趋于有序化,③社会发展和经济规模越来越大地影响着资源的使用和生态环境,④印证了经济发展主导着社会与生态环境的演变,生态系统遭受人为干扰的负面影响仍然突出存在。

5.3.2　10个县市耦合协调度时空分异评价

1. 水资源量-水环境-水生态耦合度的空间格局

(1) 从图5.17和表5.10可以看出,2020年清江流域10个县市系统之间耦合度表现出明显的空间分布,耦合度为0.09～0.99,最高的是巴东县,最低的是宜都市。

(2) 从清江流域县市单元耦合度分布空间图看,随着时间变化,清江流域耦合度渐渐趋于有序化发展。2010年,清江流域高强度耦合地区(耦合度在0.8以上)包括利川市和鹤峰县,磨合阶段地区(耦合度在0.5～0.8之间)包括恩施市、建始县、巴东县、宣恩县、咸丰县、长阳县和五峰县,低水平耦合地区(耦合度在0.3以下)为宜都市。2015年和2020年的耦合

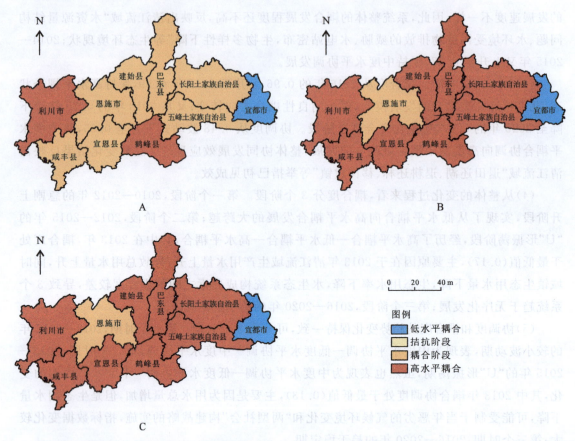

注：以《恩施土家族苗族自治州地图政区版》（审图号：鄂S（2022）005号）和《宜昌市地图政区版》（审图号：鄂S（2022）005号）为底图；后同。

图5.17　清江流域各县市单元耦合度分布空间示意图
A.2010年；B.2015年；C.2020年

度表现出同样的空间格局：高强度耦合地区（耦合度在0.8以上）包括长阳县、五峰县、利川市、咸丰县、宣恩县、鹤峰县、建始县和巴东县，磨合阶段地区（耦合度在0.5～0.8之间）为恩施市；低水平耦合地区（耦合度在0.3以下）为宜都市。

（3）从时间来看，作为农产品主产区的宜都市始终处于低度水平耦合协调，体现了构建指标体系差异化原则的重要性；恩施市始终处于中度水平耦合协调，主要是因为对水资源量的承载力较弱；2020年，耦合度达到0.99的巴东县由于水资源量-水环境-水生态系统之间相互协调以达到同步发展，呈现出近乎共振耦合的发展模式。

2. 水资源量-水环境-水生态协调性空间格局

（1）从图5.18和表5.11可以看出，清江流域县市单元子系统协调度分值分布不均衡（0.13～0.71），恩施市最高，宜都市最低。

第5章　清江流域水资源承载力现状及其警情评价

表5.10　清江流域各县市水资源承载力耦合度等级一览表

县市	耦合度评价	2010年	2011年	2012年	2013年	2014年	2015年	2016年	2017年	2018年	2019年	2020年
恩施市	指数	0.72	0.71	0.74	0.75	0.76	0.72	0.71	0.79	0.63	0.76	0.78
	等级	磨合	磨合	磨合	磨合	磨合	磨合	磨合	磨合	磨合	磨合	磨合
利川市	指数	0.87	0.82	0.87	0.87	0.87	0.84	0.98	0.81	0.72	0.87	0.88
	等级	高水平	高水平	高水平	高水平	高水平	高水平	高水平	高水平	磨合	高水平	高水平
建始县	指数	0.67	0.80	0.80	0.88	0.87	0.89	0.96	0.95	0.76	0.85	0.97
	等级	磨合	高水平	高水平	高水平	高水平	高水平	高水平	高水平	磨合	高水平	高水平
巴东县	指数	0.66	0.70	0.74	0.72	0.84	0.82	0.97	0.92	0.78	0.94	0.996
	等级	磨合	磨合	磨合	磨合	高水平	高水平	高水平	高水平	磨合	高水平	高水平
宣恩县	指数	0.73	0.66	0.76	0.87	0.88	0.83	0.78	0.86	0.86	0.95	0.98
	等级	磨合	磨合	磨合	高水平	高水平	高水平	磨合	高水平	高水平	高水平	高水平
咸丰县	指数	0.73	0.77	0.79	0.82	0.89	0.87	0.85	0.81	0.80	0.87	0.93
	等级	磨合	磨合	磨合	高水平	高水平	高水平	高水平	高水平	磨合	高水平	高水平
鹤峰县	指数	0.98	0.91	0.94	0.95	0.99	0.96	0.95	0.93	0.83	0.89	0.97
	等级	高水平	高水平	高水平	高水平	高水平	高水平	高水平	高水平	高水平	高水平	高水平
宜都市	指数	0.11	0.10	0.09	0.09	0.09	0.09	0.09	0.09	0.10	0.09	0.09
	等级	低水平	低水平	低水平	低水平	低水平	低水平	低水平	低水平	低水平	低水平	低水平
长阳县	指数	0.72	0.95	0.91	0.89	0.90	0.89	0.78	0.75	0.85	0.79	0.81
	等级	磨合	高水平	高水平	高水平	高水平	高水平	磨合	磨合	高水平	磨合	磨合
五峰县	指数	0.80	0.85	0.88	0.89	0.94	0.85	0.85	0.93	0.91	0.80	0.81
	等级	磨合	高水平	高水平	高水平	高水平	高水平	高水平	高水平	高水平	磨合	高水平

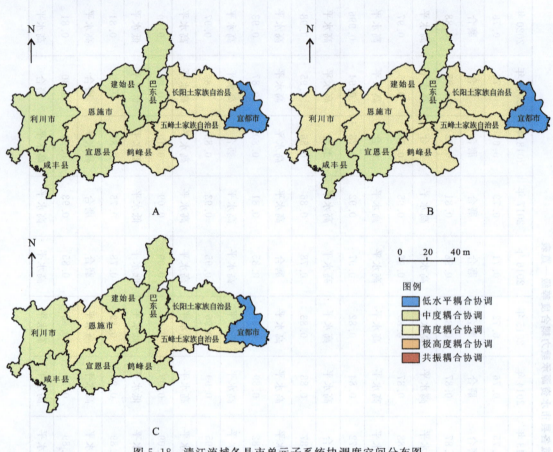

图 5.18　清江流域各县市单元子系统协调度空间分布图
A.2010 年；B.2015 年；C.2020 年

（2）从清江流域县市单元协调度分布空间图看,随着时间变化,协调度渐渐趋于和谐高水平发展。清江流域县市单元水资源量-水环境-水生态协调度的空间分布与耦合度分布特征基本类似,但略有不同。2010 年清江流域高度耦合协调县市(耦合协调度在 0.5 以上)包括恩施市、鹤峰县、五峰县和长阳县,中度耦合协调县市(耦合协调度在 0.3~0.5 之间)包括利川市、咸丰县、宣恩县、建始县和巴东县；低度耦合协调地区(耦合协调度在 0.3 以下)为宜都市。2015 年,高度耦合协调县市比例上升(耦合协调度在 0.5 以上),包括恩施市、利川市、建始县、鹤峰县、长阳县和五峰县,中度耦合协调县市(耦合协调度在 0.3~0.5 之间)包括咸丰县、宣恩县和巴东县,低度耦合协调地区(耦合协调度在 0.3 以下)为宜都市。2020 年,高度耦合协调县市(耦合协调度在 0.5 以上)包括恩施市和五峰县,中度耦合协调县市(耦合协调度在 0.3~0.5 之间)包括利川市、咸丰县、宣恩县、建始县、巴东县、鹤峰县和长阳县,低度耦合协调县市(耦合协调度在 0.3 以下)为宜都市。

（3）从时间维度来看,作为农产品主产区的宜都市始终属于低度耦合协调区域,体现了指标体系构建差异化的重要性；恩施市和五峰县始终表现为高度耦合协调,主要是因为恩施

第5章 清江流域水资源承载力现状及其警情评价

表5.11 2010—2020年清江流域各县市水资源承载力耦合协调度等级一览表

县市	耦合协调度	2010年	2011年	2012年	2013年	2014年	2015年	2016年	2017年	2018年	2019年	2020年
恩施市	指数	0.64	0.64	0.66	0.67	0.68	0.66	0.66	0.71	0.58	0.61	0.59
	等级	高度	高度	高度	高度	高度	高度	高度	高度	高度	高度	高度
利川市	指数	0.50	0.55	0.57	0.53	0.50	0.51	0.53	0.47	0.51	0.46	0.43
	等级	中度	高度	高度	高度	高度	高度	高度	中度	高度	中度	中度
建始县	指数	0.44	0.48	0.51	0.49	0.54	0.55	0.52	0.51	0.43	0.37	0.37
	等级	中度	中度	高度	中度	高度	高度	高度	高度	中度	中度	中度
巴东县	指数	0.44	0.45	0.46	0.49	0.48	0.46	0.46	0.50	0.44	0.46	0.38
	等级	中度	中度	中度	中度	中度	中度	中度	高度	高度	中度	中度
宣恩县	指数	0.42	0.45	0.48	0.47	0.46	0.45	0.54	0.57	0.56	0.47	0.43
	等级	中度	中度	中度	中度	中度	中度	高度	高度	高度	中度	中度
咸丰县	指数	0.43	0.49	0.50	0.49	0.48	0.48	0.48	0.50	0.50	0.47	0.45
	等级	中度	中度	中度	中度	中度	中度	中度	高度	中度	中度	中度
鹤峰县	指数	0.53	0.56	0.57	0.54	0.51	0.52	0.54	0.54	0.54	0.43	0.37
	等级	高度	高度	高度	高度	高度	高度	高度	高度	高度	中度	中度
宜都市	指数	0.14	0.15	0.16	0.16	0.16	0.16	0.14	0.14	0.15	0.15	0.13
	等级	低度	低度	低度	低度	低度	低度	低度	低度	低度	低度	低度
长阳县	指数	0.54	0.61	0.64	0.67	0.62	0.58	0.52	0.49	0.54	0.46	0.41
	等级	高度	高度	高度	高度	高度	高度	高度	中度	高度	中度	中度
五峰县	指数	0.62	0.62	0.56	0.56	0.57	0.55	0.56	0.50	0.52	0.67	0.70
	等级	高度	高度	高度	高度	高度	高度	高度	高度	高度	高度	高度

市对水环境和水生态表现较高的承载力,五峰县对水资源量和水生态表现较高的承载力;咸丰县、宣恩县和巴东县表现为中度耦合协调,主要是因为这 3 个县市对水资源量、水环境和水生态的承载力都相对较弱。

3. 耦合协调度类型的划分

综合各县市的耦合度与耦合协调发展水平,对清江流域 10 个县市单元的耦合协调度类型进行划分(表 4.6),结果如图 5.19 所示。

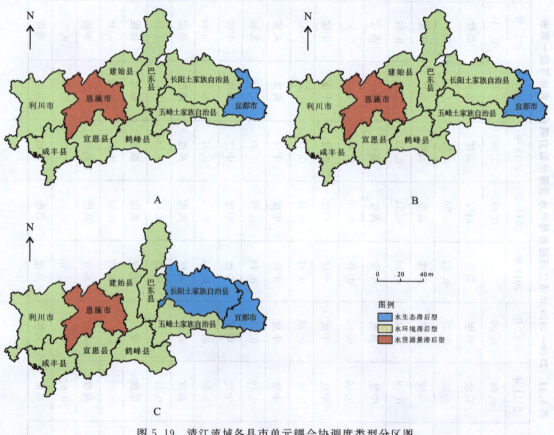

图 5.19　清江流域各县市单元耦合协调度类型分区图
A.2010 年;B.2015 年;C.2020 年

清江流域社会经济发展过程中的"三水"短板呈现较明显的空间特征。

2010 年和 2015 年,清江流域各地空间特征的表现一致:水资源量滞后型,恩施市;水环境滞后型,利川市、咸丰县、宣恩县、建始县、鹤峰县、巴东县、长阳县和五峰县;水生态滞后型,宜都市。2010—2015 年,清江流域的水环境发展较滞后,主要表现在工业废水排放量和化学需氧量排放量较高及生活污水处理率不高。

第 5 章　清江流域水资源承载力现状及其警情评价

2020年的空间表现：水资源量滞后型，恩施市；水环境滞后型，利川市、建始县、巴东县、宣恩县、咸丰县、鹤峰县和五峰县；水生态滞后型，长阳县和宜都市。此阶段的水环境情况虽有所改善，但依然有 70% 的县市表现为水环境滞后型，因此，清江流域应积极倡导实施水、土、气"三大战役"的攻坚战，推动多污染源全面整治和重点污染物降污，进一步抑制环境风险，提高环境监督管理强度，使水环境整治工作获得大幅度提升。

第6章 清江流域水资源承载力预判及其警情趋势评价

建立资源承载力监测预警机制(叶有华等,2017)是生态文明体制改革中的一大亮点。长江大保护"双十工程"和"四个三"重点生态建设工作稳步推进,治理污染和"绿满荆楚"工作成效显著,全省国控考核断面水质优良比例提高到91.2%。党的十九大报告中指出:抓紧对全国各县进行资源环境承载力评价,抓紧建立资源环境承载力监测预警机制,构建国土空间开发保护制度,完善主体功能区配套政策。因此,建立清江流域县级行政单元水资源承载力预警与评估体系对推进资源、环境承载力的监测与预警有着积极的意义(图6.1)。

图6.1 水资源承载力预警评价流程

6.1 清江流域水资源承载力预判方法的稳健性检验

6.1.1 参数的确定

模型参数的确定主要采用算术平均、表函数、计量经济学模型计算及参考现有文献等方法,具体见表6.1。

表6.1 变量参数确定方法

方法	依据	变量
算术平均	2010—2020年清江流域10个县市的统计年鉴等历史资料	人口
表函数	历史数据	以时间t为因子的表函数:化学需氧量排放量、工业废水排放量、万元GDP用水量、单位工业增加值用水量

续表6.1

方法	依据	变量
计量经济学模型	回归分析法	用水总量、有效灌溉面积、灌溉可用水承载量、总灌溉面积、单位面积化肥施用量、生活污水处理率、生态用水率、城镇建设用水、总灌溉面积
参考现有文献	崔东亮等,2021	单纯以天然降水为水源的农业面积

6.1.2 模型检验

历史数据对比法

本书共选取了11个变量,其2010—2020年模拟值和实际值的平均误差率绝对值均小于10%(彭欣杰等,2021)(表6.2),表明该系统模型对于模拟现实具有可行性。

表6.2 主要变量的历史检验

变量	实际值	模拟值	|平均误差率|/%
用水总量/亿 m³	7.952	7.748	2.5
有效灌溉面积率/%	0.197	0.202	2.1
灌溉可用水承载量/亿 m³	2.240	2.264	1.1
城镇建设用水量/亿 m³	4.722	4.537	3.9
单纯以天然降水为水源的农业面积/万 hm²	32.583	32.777	0.59
单位面积氮肥施用量/(kg·hm⁻²)	360.50	348.91	3.22
单位面积磷肥施用量/(kg·hm⁻²)	131.60	127.54	3.08
单位面积复合肥施用量/(kg·hm⁻²)	254.37	258.03	1.44
单位面积钾肥施用量/(kg·hm⁻²)	86.07	81.46	5.36
生活污水处理率/%	0.889	0.858	3.45
总灌溉面积/万 hm²	7.1810	7.4321	3.50

6.2 清江流域水资源承载力单项评价及其警情趋势分析

警兆指标定额目标约束值的确定同表5.1。结合清江流域实际情况及相关文件,确定警兆指标定额目标的约束值如表6.3所示。

表6.3 清江流域水资源承载力警兆指标定额目标的约束值一览

指标	定额目标的约束值	参考依据
万元GDP用水量下降率/%	15	《湖北省水安全保障"十四五"规划》《湖北省节约用水"十四五"规划》
单位工业增加值用水量下降率/%	10	
GDP增长率/%	7.6	《恩施州国民经济和社会发展第十四个五年规划和二〇三五年远景目标纲要》《湖北省"十四五"规划》
有效灌溉面积率/%	51.22	《宜昌市国民经济和社会发展第十四个五年规划和二〇三五年远景目标纲要》
灌溉可用水承载量/亿 m^3	3.18	计算指标
可承载的耕地规模/万 hm^2	35.836	
可承载的灌溉规模/万 hm^2	4.099	
城镇可用水承载量/亿 m^3	2.18	
可承载的城镇建设用地规模/km^2	113.12	
化学需氧量排放量下降率/%	3	《恩施土家族苗族自治州创建国家生态文明建设示范区规划(2015—2022)》《宜昌市生态建设与环境保护"十三五"专项规划》
工业废水排放量下降率/%	10.64	
单位耕地面积化肥施用量下降率/%	10.15	《国家生态文明示范村镇指标(试行)》
生活污水处理率/%	80.45	《湖北省生态环境统计公报》《湖北省节约用水"十四五"规划》
水源地水质达标率/%	96.14	
生态用水率/%	0.6	Wei et al.,2021
生态保护红线面积占比/%	40	《湖北省生态保护红线划定方案》

6.2.1 清江流域水资源量维度的承载力评价及其警情趋势分析

1. 水资源量供应对总体社会经济发展的承载状况及警情分析

(1) 从全流域来看(图 6.2):"十四五"时期,水资源供应对社会经济发展整体处于超载状态,即万元 GDP 用水率较 2020 年下降率高于定额目标的约束值,2021 年超载率最高,达 242.7%;"十五五"时期,水资源供应对经济发展呈现可承载状态,且可承载空间逐年上升,警戒度呈现下降趋势,从严重警告级别下降至安全级别。说明清江流域落实《最严格水资源管理办法》《双控行动》等政策效果显现,引起万元 GDP 用水量下降明显。

2021—2030 年清江流域各县市万元 GDP 用水量下降率预警信号灯结果

(2) 从 10 个县市来看(图 6.2):利川市的经济发展表现出较高的超载率,但是超载率呈下降趋势,警戒度由严重警告级别下降至相对安全级别,预警信号灯表现为由红灯逐级转为蓝灯;长阳县和宜都市的经济发展始终处于可承载状态,且可承载空间持续上升,警戒度表现为安全级别,预警信号灯表现为绿灯。

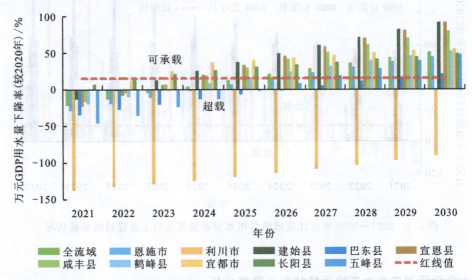

图 6.2 2021—2030 年清江流域各县市水资源量维度对总体社会经济发展的承载状况

2. 水资源量对工业建设的承载状况及警情分析

(1) 从全流域来看(图 6.3):"十四五"时期,水资源供应对工业建设的承载状态为超载状态,2021 年的超载率最高达 235.16%,表现为严重警告级别,预警信号灯表现为红灯,这是由单位工业增加值用水效率不高引起的。"十五五"时期,水资源供应对工业建设的承载状态由超载状态将在 2030 年转变为可承载状态,可承载率达 21.46%,警戒度表现为安全级别,预警信号灯表现为绿灯。

(2) 从10个县市来看(图6.3):"十四五"时期,巴东县和长阳县的工业建设始终处于超载状态,恩施市和利川市在2021—2023年表现为超载状态,在2024—2025年将逆转为可承载状态,其中恩施市的可承载率最高达262.9%;其余6个县市均呈现可承载状态,承载力呈现持续上升趋势,其中建始县的承载率由21.22%上涨到166.09%,宣恩县的承载率由131.84%上涨到336.73%,宜都市的承载率由15.22%上涨到225.79%。"十五五"时期,仅2026—2029年巴东县的工业建设出现超载,超载率在2026年最高,为79.12%,2030年逆转为可承载,可承载率为11.1%,其余9个县市均为可承载状态且承载率逐年上升并于2030年达到最高,承载率排名前3名的分别是恩施市、咸丰县和鹤峰县。这主要是因为恩施州和宜昌市确定了水资源管理"三条红线"。其中,宣恩县、咸丰县、鹤峰县、宜都市和长阳县的警戒度一直保持为安全级别,预警信号灯表现为绿灯。

2021—2030年清江流域各县市单位工业增加值用水量下降率预警信号灯结果

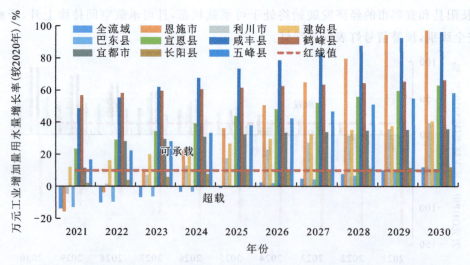

图6.3 2021—2030年清江流域各县市水资源量维度对工业建设的承载状况

3. 水资源量对农业生产的承载状况及警情分析

(1) 从全流域来看(图6.4):2021—2030年,水资源供应对农业生产的承载状态一直为超载状态,即有效灌溉面积率高于"红线"标准,2030年超载率最高达92.17%。仅有利川市、建始县、咸丰县和宜都市的警戒度向好的方向发展,其他县市的警戒度均是从低级别预警向高级别预警发展,这说明了有效灌溉面积超载越来越严重。

2021—2030年清江流域各县市有效灌溉面积率预警信号灯结果

第 6 章 清江流域水资源承载力预判及其警情趋势评价

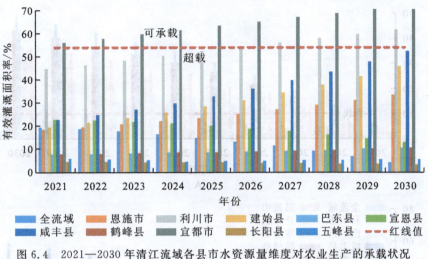

图 6.4 2021—2030 年清江流域各县市水资源量维度对农业生产的承载状况

(2) 从 10 个县市来看：2021—2030 年间，仅有宜都市呈现可承载状态，警戒度表现为安全级别，预警信号灯表现为绿灯，其余县市均为超载状态，其中五峰县、长阳县和巴东县的超载率始终排名前 3 位。"十四五"时期，除宜都市处于可承载状态，承载率为 16.57% 之外，其余县市均为超载状态，其中恩施市、利川市、建始县、巴东县、咸丰县和鹤峰县的超载率呈现波动下降趋势，宣恩县、长阳县和五峰县的超载率呈波动上升趋势。"十五五"时期，除宜都市之外，其余 9 个县市虽然将呈现不同程度的超载，但超载率均有下降趋势。其中利川市在 2027 年逆转为可承载状态，可承载率达 3.31%。超载率最高的 3 个县市分别是长阳县（最高达 93.87%）、五峰县（最高达 89.8%）和巴东县（最高达 83.02%）。

6.2.2 清江流域水环境维度的承载力评价及其警情趋势分析

1. 水环境对工业建设的承载状况及警情分析

1) 工业废水排放量下降率对工业建设的承载状况（图 6.5A）

(1) 从全流域来看：2021—2023 年工业废水排放量较 2020 年的下降率处于超载状态，2021 年的超载率最高达 7%，警戒度为相对安全级别，预警信号灯表现为蓝灯。2024—2030 年，工业废水排放量下降率表现为可承载状态，2030 年的可承载率最高达 143.37%，警戒度一直为安全级别（绿灯）。

2021—2030 年清江流域各县市工业废水排放量下降率预警信号灯结果

(2) 从 10 个县市来看："十四五"时期，宜昌市的 3 个县市均呈现超载状态，其中宜都市超载率最高，达 90%，警戒度由严重警告级别（红灯）下降至中度警告级别（橙灯），长阳县次之，警戒度由严重警告级别（红灯）下降至低度警告级别（黄灯），这与长阳县和宜都市大力发展经济而忽略了社会经济活动对水环境造成的压力相关；恩施州的 7 个县市仅在 2021—2022 年

99

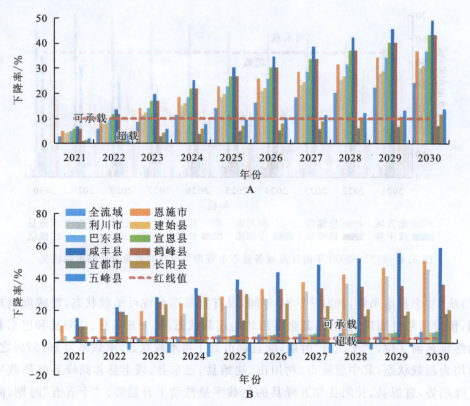

图 6.5 清江流域全流域及各县市水环境维度对工业建设的承载状况
A. 2021—2030 年工业废水排放量较 2020 年的下降率；B. 2021—2030 年化学需氧量排放量较 2020 年的下降率

出现超载,超载率最高的是 2021 年的利川市,为 60%,2023—2025 年均表现为可承载状态。"十五五"时期,宜都市仍处于超载状态,超载率最高可达 46.24%,但是超载率呈下降趋势,警戒度由中度警告级别(橙灯)下降至低度警告级别(黄灯);长阳县在 2028 年逆转为可承载状态,2030 年承载率为 18.23%;恩施市、利川市、建始县、巴东县、宣恩县、咸丰县、鹤峰县和五峰县均处于可承载状态,且可承载空间持续上升,于 2030 年达到最大,充分体现了恩施州和宜昌市在相关生态环境保护规划中提出的"以改善环境质量为中心,推行最高标准的环保监督机制,打好大气、水和土壤污染防治三大战役,加强生态保护与修复,严密防控生态环境风险"的重要指示。

2) 化学需氧量排放量下降率对工业建设的承载状况及警情分析
(图 6.5B)

(1) 从全流域来看:2021—2023 年,化学需氧量排放量较 2020 年下降率处于超载状态,2021 年超载率最高达 66.67%,警戒度由相对安全级别(蓝灯)下降至安全级别(绿灯);2024—2030 年,化学需氧量排放量下降率表现为可承载状态,2030 年的可承载率最高达 141.83%,警戒度一直为安全级别(绿灯)。

2021—2030 年清江流域各县市化学需氧量排放量下降率预警信号灯结果

(2)从10个县市来看:"十四五"时期,五峰县超载最严重,超载率呈上升趋势,2025年最高达446.94%,警戒度由低度警告级别(黄灯)上升至严重警告级别(红灯),2021—2023年的建始县、巴东县和宣恩县也处于超载状态,警戒度处于相对安全级别(蓝灯),恩施市、利川市、咸丰县、鹤峰县、宜都市和长阳县一直保持可承载状态,警戒度为安全级别(绿灯)。"十五五"时期,仅五峰县仍将处于超载状态,超载率最高可达373.33%,但其超载率呈下降趋势,警戒度表现由严重警告级别(红灯)下降至相对安全级别(蓝灯),恩施市、利川市、建始县、巴东县、宣恩县、咸丰县、鹤峰县、宜都市和长阳县均处于可承载状态,且可承载空间持续上升,于2030年达到最大,充分体现了在恩施段和宜昌段"以改善环境质量为中心,推行最高标准的环保监督机制,打好大气、水和土壤污染防治三大战役,强化生态保护和恢复,严防生态环境风险"的重要指示。

2. 水环境对农业生产的承载状况及警情分析

以农业面源污染承载量反映水环境对农业生产的承载状况,具体以单位耕地面积化肥施用量较2020年的下降率来反映(图6.6)。

从全流域来看:单位面积氮肥施用量下降率一直处于可承载状态,承载率最高为2030年的44.82%,警戒度处于安全级别,预警信号灯表现为绿灯;2021年单位面积复合肥施用量(超载率42.39%)和磷肥施用量(超载率12.86%)处于超载状态,警戒度处于相对安全级别,预警信号灯表现为绿灯;2021—2022年单位面积钾肥施用量均处于超载状态(超载率最高89.04%),警戒度处于相对安全级别,预警信号灯表现为蓝灯。

1)单位面积氮肥施用量下降率对农业生产的承载状况及警情分析(图6.6A)

从10个县市来看:"十四五"时期,恩施市、鹤峰县、长阳县和五峰县属于可承载状态,可承载量呈上升趋势,警戒度处于安全级别,预警信号灯表现为绿灯;巴东县一直处于超载状态,警戒度由中度警告级别下降至低度警告级别,预警信号灯由橙灯转为黄灯;其余5个县市均虽有超载情况但在2024年均呈可承载状态。"十五五"时期,巴东县和建始县处于超载状态,其中巴东县超载最为严重,2026年超载率最高为6.64%,警戒度由严重警告级别下降至中度警告级别,预警信号灯由红灯转为橙灯,建始县的警戒度由中度警告级别下降至相对安全级别,预警信号灯由橙灯转为蓝灯;其余8个县市均处于可承载状态,其中宣恩县在2030年可承载率最高可达55.84%,鹤峰县则为55.46%。

2)单位面积磷肥施用量对农业生产的承载状况及警情分析(图6.6B)

从10个县市来看:"十四五"时期,宜都市和长阳县将一直处于可承载状态,可承载率最高分别为210.35%和206.26%,警戒度处于安全级别,预警信号灯表现为绿灯;咸丰县和巴东县一直处于超载状态,

2021—2030年清江流域各县市单位面积氮肥施用量下降率预警信号灯结果

2021—2030年清江流域各县市单位面积磷肥施用量下降率预警信号灯结果

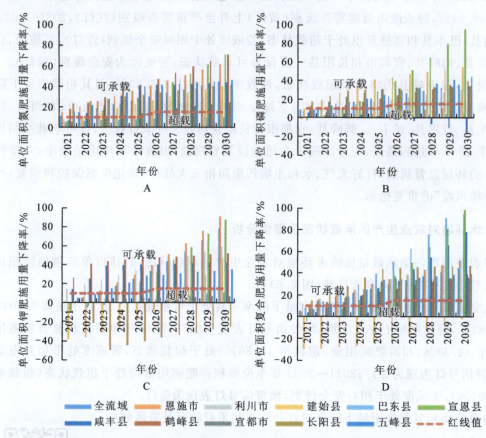

图 6.6　2021—2030 年清江流域各县市水环境维度对农业生产的承载状况
A. 氮肥；B. 磷肥；C. 钾肥；D. 复合肥

超载率最高分别为 79.11%（2025 年）和 95%（2021 年），咸丰县的超载率有上升趋势，警戒度由相对安全级别上升至低度警告级别，预警信号灯由蓝灯转为黄灯，巴东县的超载率呈下降趋势，警戒度一直处于低度警告级别，预警信号灯表现为黄灯；其余 6 个县市虽有超载但在 2023 年均呈可承载状态。"十五五"时期，巴东县和咸丰县仍将处于超载状态，超载率最高分别为 70.37%（2026 年）和 252.81%（2030 年）。巴东县的超载率呈下降趋势，警戒度由低度警告级别下降至相对安全级别，预警信号灯由黄灯转为蓝灯；咸丰县的超载率呈上升趋势，警戒度由低度警告级别上升至严重警告级别，预警信号灯由黄灯转为红灯，表明 2021—2030 年，咸丰县的单位耕地面积磷肥施用量较 2020 年呈持续上涨趋势。

3）单位面积钾肥施用量对农业生产的承载状况及警情分析（图 6.6C）

从 10 个县市来看："十四五"时期，利川市、咸丰县和鹤峰县处于可承载状态，可承载剩余空间较为充足，警戒度处于安全级别，预警信号灯

2021—2030 年清江流域各县市单位面积钾肥施用量下降率预警信号灯结果

表现为绿灯;建始县、巴东县、宜都市和长阳县一直处于超载状态,其最高超载率分别为487.74%(2021年)、166.58%(2021年)、90%(2021年)、505.81%(2025年);长阳县的超载率呈上升趋势,警戒度由相对安全级别上升至严重警告级别,预警信号灯由蓝灯转为红灯;宜都市的警戒度一直处于相对安全级别,预警信号灯表现为蓝灯;建始县的警戒度由严重警告级别下降至低度警告级别,预警信号灯由红灯转为黄灯;巴东县的警戒度由低度警告级别下降至相对安全级别,预警信号灯由黄灯转为蓝灯;其余3个县市虽呈现超载状态,但均在2023年逆转为可承载状态。"十五五"时期,恩施市、利川市、宣恩县、咸丰县、鹤峰县和五峰县将处于可承载状态,可承载空间呈上升趋势,警戒度处于安全级别,预警信号灯为绿灯;巴东县、宜都市和长阳县一直处于超载状态,超载率均在2026年达到最高,分别为76.07%、64.16%、342.43%,表明超载率呈下降趋势,其中长阳县的警戒度由严重警告级别下降至中度警告级别,预警信号灯由红灯转为橙灯;巴东县和宜都市的警戒度一直处于相对安全级别,预警信号灯表现为蓝灯;建始县虽有超载,在2028年表现可承载,警戒度由低度警告级别下降至安全级别,预警信号灯由黄灯转为绿灯。

4)单位面积复合肥施用量对农业生产的承载状况及警情分析(图6.6D)

从10个县市来看:"十四五"时期,利川市、鹤峰县和长阳县将一直处于可承载状态,可承载率均于2025年达到最高,分别为197.88%、129.94%、340.78%,警戒度为安全级别,预警信号灯表现为绿灯;建始县一直处于超载状态,2021年超载率最高,为394.06%,虽然超载率呈下降趋势且下降速度较慢,但警戒度一直处于严重警告级别,预警信号灯表现为红灯;恩施市、巴东县、宣恩县、咸丰县、宜都市和五峰县虽然有超载情况,但是2024年都达到可承载状态。"十五五"时期,将仍然仅有建始县处于超载状态,超载率呈下降趋势,警戒度由严重警告级别下降至低度警告级别,预警信号灯由红灯转为黄灯;其余9个县市均处于可承载状态,可承载剩余空间充足,警戒度处于安全级别,预警信号灯表现为绿灯。

2021—2030年清江流域各县市单位面积复合肥施用量下降率预警信号灯结果

3. 水环境对城镇生活的承载状况及警情分析

从全流域来看:清江流域的水源地水质达标率和生活污水处理率均呈现可承载状态,表明清江流域自身的水质较好,警戒度一直处于安全级别,预警信号灯表现为绿灯。

1)生活污水处理率对城镇生活的承载状况及警情分析(图6.7)

从10个县市来看:"十四五"时期,仅宜都市一直处于可承载状态,可承载率最高达0.11%,警戒度处于安全级别,预警信号灯表现为绿灯;其他县市均呈现超载状态,其中长阳县超载最严重,超载率在2021年最高,达13.9%,警戒度一直处于严重警告级别,预警信号灯表现为红灯。"十五五"时期,仅宜都市将持续处于可承载状态,警戒度处于安全级别,预警信号灯表现为绿灯;恩施市和建始县虽表现出一定的

2021—2030年清江流域各县市生活污水处理率预警信号灯结果

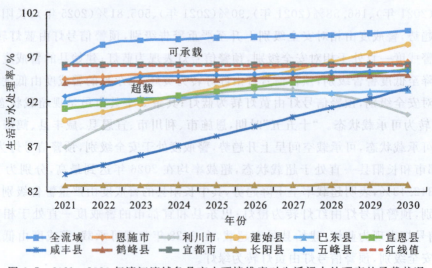

图 6.7 2021—2030 年清江流域各县市水环境维度对生活污水处理率的承载状况

超载,但在 2028 年逆转为可承载状态,警戒度由相对安全级别下降至安全级别,预警信号灯由蓝灯转为绿灯;其他县市持续处于超载状态,除利川市外,超载率呈下降趋势,这与恩施州和宜昌市发布的《关于全面推进城镇生活污水治理工作实施方案》的政策相关。

2)水源地水质达标率对城镇生活的承载状况及警情分析

10 个县市的水源地水质达标率全部为 100%,处于可承载状态。这是充分落实湖北省、恩施州、宜昌市水利发展规划的重要体现。

2021—2030 年清江流域各县市水源地水质达标率预警信号灯结果

6.2.3 清江流域水生态维度的承载力评价及其警情趋势分析

从全流域来看,生态用水率和生态保护红线面积占比一直处于可承载状态,承载剩余空间充足,警戒度处于安全级别,预警信号灯表现为绿灯。

1. 生态用水率对生态保护的承载状况及警情分析

从 10 个县市来看(图 6.8A):"十四五"时期,仅宜都市将一直处于超载状态,2021 年超载率高达 8.05%,警戒度处于相对安全级别,预警信号灯表现为蓝灯;2021—2022 年,长阳县处于超载状态,2023 年转为可承载状态,警戒度由相对安全级别下降至安全级别,预警信号灯由蓝灯转为绿灯;其余 8 个县市持续呈可承载状态,其中恩施市的可承载率最高,巴东县的可承载率最低,警戒度均处于安全级别,预警信号灯表现为绿灯。

2021—2030 年清江流域各县市生态用水率预警信号灯结果

第 6 章 清江流域水资源承载力预判及其警情趋势评价

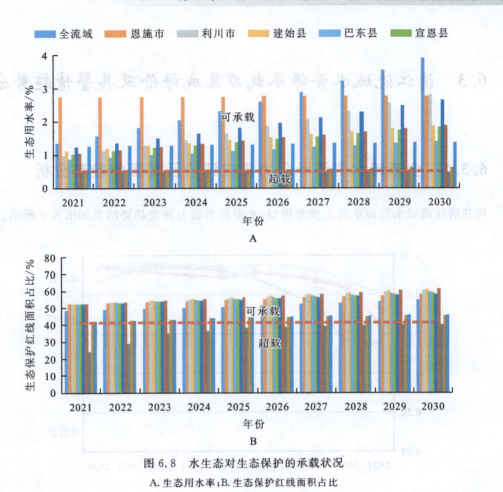

图 6.8 水生态对生态保护的承载状况
A.生态用水率;B.生态保护红线面积占比

"十五五"时期,恩施市、利川市、建始县、巴东县、宣恩县、咸丰县、鹤峰县、长阳县和五峰县全部将处于可承载状态,并且承载率持续上升,警戒度处于安全级别,预警信号灯表现为绿灯;虽然宜都市出现超载,但是超载率呈下降趋势,警戒度处于相对安全级别,预警信号灯表现为蓝灯,这与《宜昌市"三线一单"生态环境分区管控实施方案》《恩施州"三线一单"生态环境分区管控实施方案》相关。

2. 生态保护红线面积占比对生态保护的承载状况及警情分析

如图 6.8B 所示,2021—2030 年,仅宜都市的承载力潜力赤字最大,但超载率呈下降趋势,警戒度由严重警告级别下降至相对安全级别,预警信号灯由红灯转为蓝灯;其余 9 个县市均呈持续可承载状态,恩施州的 7 个县市的可承载率高于宜昌市的 2 个县市,警戒度均处于安全级别,预警信号灯表现为绿灯。

2021—2030 年清江流域各县市生态保护红线面积占比预警信号灯结果

6.3 清江流域水资源承载力集成评价及其警情趋势分析

6.3.1 全流域水资源承载力集成评价及其警情趋势分析

构建清江流域水资源承载力预警模型,水资源承载力预警趋势结果如图 6.9 所示。

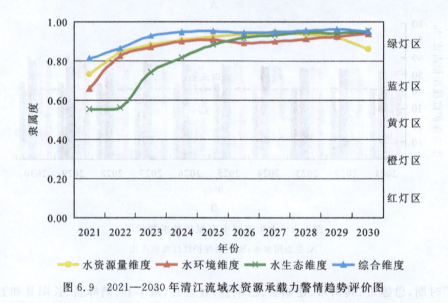

图 6.9 2021—2030 年清江流域水资源承载力警情趋势评价图

1. 水资源承载力综合维度

2010—2020 年承载力指数呈波动上升趋势,警戒度处于安全级别。随着"两型社会"和生态文明等战略的深入推进,以及各类环境政策和方案管控和约束的深入实施,清江流域水资源承载力警情的突变级数隶属度有了一定上升且趋于稳定,到 2030 年达到 0.95,警戒度为安全级别,预警信号灯为绿灯。这表明清江流域水资源承载力有较大的潜力,为支撑湖北省、长江经济带甚至全国可持续发展提供了支撑。虽然属于安全级别,仍然需要持续推进"国家禁止开发区"战略实施强度,进一步深化资源性产品价格改革、产业准入退出提升、排污权交易资源环境管理体制改革,大力推进产业高质量发展和经济绿色转型,建立跨区域、跨城乡、跨部门("三跨")环境治理体系,促进清江流域水资源的全面发展、水环境和水生态承载力的提升。

第6章 清江流域水资源承载力预判及其警情趋势评价

2. 水资源量维度

2010—2020年的警戒度经历了安全级别—相对安全级别—安全级别的波动变化趋势,随着各类资源保护和管控力度的逐步加强、集约节约利用技术的逐步提升,清江流域水资源维度警情隶属度稳步提升,2022年以后隶属度保持在0.85以上,警戒度为安全级别,预警信号灯为绿灯(图6.9)。尽管处于安全级别,依然要持续改进水资源使用与管理方式,合理调配分类用水规模,建立健全水资源保护长效机制,进一步推动其数量、质量、生态"三位一体"的保护;严控用水总量,提高用水效率,大力推行城市生活节水型政策,严格遵守水资源管理红线,有效解决水资源的供求关系。

3. 水环境维度

2010—2020年的警戒度经历了安全级别—相对安全级别—安全级别的变化趋势,主要是由于清江流域环境监测、管理、许可、监督、治理等各项措施的逐步完善,所以各要素的隶属度呈稳步增长的态势。到2030年,其突变级数隶属度达到0.94,警戒度为安全级别,预警信号灯为绿灯(图6.9)。清江流域水环境维度承载力保持稳定上升趋势,主要原因有3个:一是COD排放量和工业废水排放量呈现下降趋势;二是化肥施用量控制在红线约束值范围内;三是生活污水处理率保持稳定提高。未来,还需继续强化水污染治理力度,实施监督责任制,促进整体环境质量的提高。

4. 水生态维度

2010—2020年警戒度经历了低度警告级别—中度警告级别—相对安全级别—安全级别的变化趋势。随着生态文明理念的逐步贯彻落实,2021—2030年清江流域水生态维度警情隶属度将保持稳定上升状态,到2030年突变级数隶属度为0.95,警戒度为安全级别,预警信号灯为绿灯(图6.9)。在习近平生态文明思想的指引下,我们必须进一步强化生态保护能力,切实落实好生态保护红线的保护范围,加强生态用地(比如湿地、森林、草原等)的建设与保护,自然保护区和重点生态功能区的建设与管理,城乡绿化建设与修复工作,进一步推进清江流域的水生态承载力预警工作。

6.3.2 10个县市水资源承载力集成评价及其警情分析

从表6.4和图6.10可以看出,10个县市水资源承载力指数的时间差异较小,但空间差异变化明显,警戒度全部处于安全级别,预警信号灯表现为绿灯。

"十四五"时期,从时间来看,10个县市的水资源承载力指数和隶属度浮动较小;从空间来看,恩施市的综合承载力最强,明显高于其他县市,宜都市和长阳县的综合承载力最弱;10个县市的警戒度均为安全级别,表现为绿色信号灯。这说明水资源量-水环境-水生态系统现状良好,水资源系统与社会经济发展的关系处于良好协调发展水平。

清江流域水资源承载力评价

表 6.4 10 个县市水资源承载力集成评价

地区	水资源承载力指数									
	2021年	2022年	2023年	2024年	2025年	2026年	2027年	2028年	2029年	2030年
恩施	2.01	1.99	2.01	2.00	2.06	2.05	2.07	2.07	2.07	2.03
利川	0.84	0.83	0.82	0.84	0.77	0.77	0.75	0.72	0.69	0.62
建始	0.78	0.80	0.81	0.85	0.82	0.82	0.84	0.88	0.96	0.99
巴东	0.67	0.65	0.64	0.66	0.58	0.58	0.55	0.52	0.47	0.38
宣恩	1.02	1.01	1.01	1.05	1.04	1.04	1.06	1.08	1.09	1.05
咸丰	1.41	1.39	1.37	1.38	1.30	1.30	1.25	1.19	1.08	0.89
鹤峰	0.88	0.85	0.82	0.83	0.75	0.75	0.73	0.70	0.65	0.54
宜都	0.43	0.46	0.45	0.45	0.41	0.41	0.39	0.36	0.33	0.28
长阳	0.59	0.56	0.50	0.42	0.42	0.41	0.38	0.35	0.30	0.23
五峰	0.85	0.87	0.88	0.85	0.92	0.92	0.93	0.93	0.90	0.79

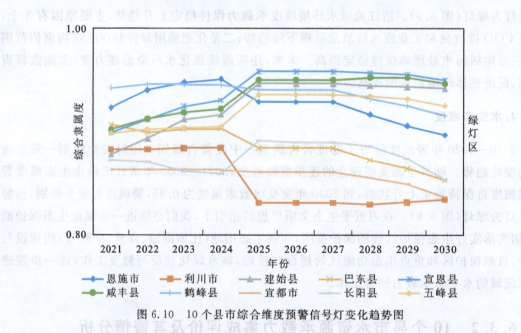

图 6.10 10 个县市综合维度预警信号灯变化趋势图

"十五五"时期,从时间来看,10 个县市的水资源承载力指数和隶属度幅度较小;从空间来看,恩施市的综合承载力依然最强,远超其他县市;长阳县的综合承载力最弱,10 个县市的警戒度为安全级别,表现为绿色预警信号灯。这说明各系统发展状况良好,协调发展水平有序化。

为了对清江流域水资源承载力的演变趋势进行深入研究,找出本地区水资源承载力不足之处,本书对 10 个县市从水资源量、水环境、水生态 3 个维度剖析了水资源承载力的表现特征。

第6章 清江流域水资源承载力预判及其警情趋势评价

1. 水资源量维度的承载力指数评价及其警情分析

从表6.5和图6.11可以看出,"十四五"时期,10个县市的水资源量承载力指数和隶属度时间变化趋势不明显,但是有明显的空间差异。咸丰县的水资源量承载力最强,宣恩县次之;巴东县的水资源量承载力最弱,恩施市次之。2021年,恩施市和巴东县的警戒度为相对安全级别,预警信号灯表现为蓝灯,而利川市、建始县、宣恩县、咸丰县、鹤峰县、宜都市、长阳县和五峰县的警戒度为安全级别,预警信号灯表现为绿灯。2022—2025年,除巴东县的警

表6.5 10个县市水资源量维度的承载力集成评价

地区	水资源承载力指数									
	2021年	2022年	2023年	2024年	2025年	2026年	2027年	2028年	2029年	2030年
恩施	0.15	0.15	0.16	0.17	0.18	0.18	0.19	0.20	0.20	0.16
利川	0.30	0.29	0.28	0.27	0.24	0.24	0.23	0.21	0.19	0.15
建始	0.22	0.23	0.25	0.27	0.33	0.33	0.37	0.45	0.57	0.64
巴东	0.17	0.17	0.17	0.17	0.17	0.17	0.16	0.15	0.12	0.08
宣恩	0.48	0.48	0.48	0.50	0.54	0.54	0.57	0.61	0.65	0.65
咸丰	0.75	0.75	0.74	0.74	0.72	0.72	0.69	0.65	0.57	0.42
鹤峰	0.23	0.23	0.22	0.22	0.22	0.22	0.22	0.22	0.21	0.14
宜都	0.29	0.30	0.31	0.32	0.30	0.30	0.28	0.26	0.24	0.18
长阳	0.20	0.21	0.22	0.22	0.20	0.20	0.19	0.17	0.14	0.08
五峰	0.23	0.24	0.26	0.27	0.31	0.31	0.32	0.33	0.30	0.20

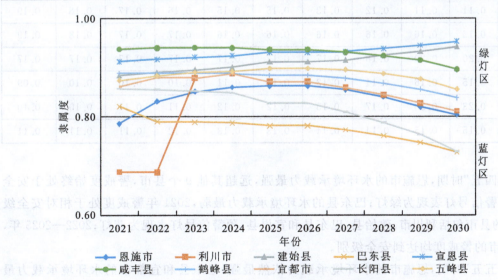

图6.11 2021—2030年清江流域各县市水资源量维度的预警信号灯变化趋势图

戒度处于相对安全级别,其余9个县市的警戒度均达到安全级别,表明这9个县市的各个系统发展状况良好,协调发展水平趋于有序化。

"十五五"时期,随着部分县市水资源量承载力的波动下降,警戒度也表现出预警级别上升的趋势。其中宣恩县和建始县的水资源量承载力出现上升,警戒度始终处于安全级别,预警信号灯表现为绿灯,表明这两个县市对水资源量表现出向好的承载潜力,主要是对可承载灌溉规模和可承载的城镇建设用地规模表现出较高的承载力;恩施市、利川市、巴东县、咸丰县、鹤峰县、宜都市、长阳县和五峰县的水资源量承载力出现下降,警戒度也呈现上升趋势,其中巴东县和长阳县处于相对安全级别,恩施市、利川市、咸丰县、鹤峰县、宜都市和五峰县处于安全级别。

2. 水环境维度的承载力指数评价及其警情分析

从表6.6和图6.12可以看出,10个县市的水环境承载力和隶属度随时间变化的趋势不明显,但有较为明显的空间差异特征。

表6.6 10个县市水环境维度的承载力集成评价

地区	水资源承载力指数									
	2021年	2022年	2023年	2024年	2025年	2026年	2027年	2028年	2029年	2030年
恩施	0.86	0.85	0.87	0.88	0.90	0.90	0.91	0.91	0.90	0.90
利川	0.12	0.12	0.12	0.12	0.12	0.12	0.13	0.13	0.14	0.148
建始	0.10	0.13	0.14	0.14	0.13	0.13	0.12	0.12	0.12	0.12
巴东	0.10	0.10	0.10	0.10	0.10	0.10	0.10	0.10	0.11	0.11
宣恩	0.11	0.11	0.12	0.13	0.15	0.15	0.16	0.17	0.18	0.19
咸丰	0.16	0.16	0.16	0.16	0.16	0.17	0.17	0.18	0.19	0.19
鹤峰	0.20	0.20	0.18	0.17	0.17	0.17	0.17	0.17	0.17	0.17
宜都	0.15	0.16	0.14	0.13	0.11	0.11	0.10	0.10	0.10	0.09
长阳	0.23	0.20	0.17	0.15	0.12	0.12	0.11	0.11	0.10	0.10
五峰	0.15	0.15	0.14	0.14	0.13	0.13	0.12	0.11	0.11	0.11

"十四五"时期,恩施市的水环境承载力最强,远超其他9个县市,警戒度始终处于安全级别,预警信号灯表现为绿灯;巴东县的水环境承载力最弱,2021年警戒度处于相对安全级别预警的县市包括利川市、建始县、巴东县和宣恩县,预警信号灯表现为蓝灯;2022—2025年,10个县市的警戒度均达到安全级别。

"十五五"时期,恩施市的水环境承载力依然最强,巴东县和宜都市的水环境承载力最弱,10个县市的警戒度均处于安全级别,预警信号灯表现为绿灯。

第6章 清江流域水资源承载力预判及其警情趋势评价

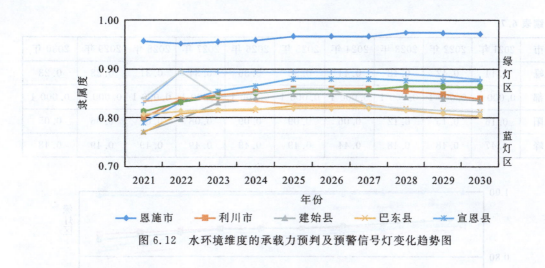

图6.12 水环境维度的承载力预判及预警信号灯变化趋势图

3. 水生态维度的承载力指数评价及其警情分析

从表6.7和图6.13可以看出:"十四五"时期,10个县市的水生态承载力和隶属度均表现较为明显的空间变化趋势。恩施市水生态承载力最强,警戒度始终处于安全级别,预警信号灯表现为绿灯;宜都市的水生态承载力最弱,长阳县次之,宜都市警戒度始终处于低度警告级别,预警信号灯表现为橙灯,长阳县警戒度处于相对安全级别,预警信号灯表现为蓝灯。"十五五"时期,10个县市的水生态承载力和隶属度呈小浮动变化,但是空间差异依然明显。恩施市的水生态承载力依然最强,警戒度处于安全级别,预警信号灯表现为绿灯;宜都市的水生态承载力最弱,警戒度始终处于低度警告级别,预警信号灯表现为橙灯。作为农产品主体功能区的宜都市,若将它纳入清江流域生态功能重点保护范畴,它将处于严重失调状态,这也体现了资源承载力的评价必须结合主体功能定位的特点。结合当前现代服务业、生态农业、生态旅游等的发展,宜都市确实有必要提升其水生态的承载力,促进农业与水生态旅游的有机结合。其他9个县市均属于重点生态功能区,宜昌市、长阳县和五峰县的水生态用水率均有待提升。

表6.7 10个县市水生态维度的承载力集成评价

县市	2021年	2022年	2023年	2024年	2025年	2026年	2027年	2028年	2029年	2030年
恩施	1.00	0.99	0.98	0.96	0.97	0.97	0.97	0.96	0.96	0.97
利川	0.42	0.42	0.42	0.45	0.40	0.41	0.39	0.38	0.35	0.32
建始	0.46	0.44	0.42	0.44	0.36	0.36	0.34	0.31	0.28	0.23
巴东	0.39	0.37	0.37	0.39	0.31	0.31	0.29	0.26	0.23	0.19
宣恩	0.44	0.42	0.41	0.42	0.35	0.35	0.32	0.30	0.26	0.21
咸丰	0.50	0.48	0.47	0.48	0.41	0.42	0.39	0.37	0.33	0.29

续表 6.7

县市	2021年	2022年	2023年	2024年	2025年	2026年	2027年	2028年	2029年	2030年
鹤峰	0.44	0.42	0.42	0.44	0.36	0.36	0.34	0.31	0.28	0.23
宜都	0.0001	0.0001	0.0001	0.0001	0.0001	0.0001	0.0001	0.0001	0.0001	0.0001
长阳	0.16	0.15	0.12	0.06	0.09	0.09	0.08	0.07	0.06	0.05
五峰	0.47	0.48	0.48	0.44	0.49	0.49	0.49	0.49	0.49	0.48

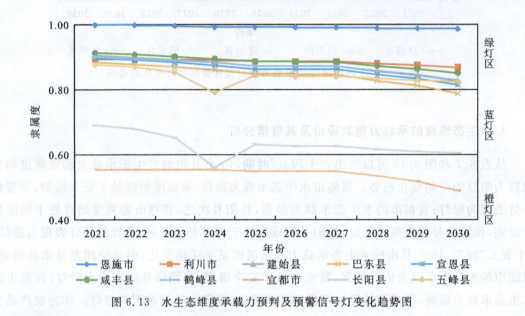

图 6.13 水生态维度承载力预判及预警信号灯变化趋势图

6.4 清江流域水资源承载力协调发展趋势评价

6.4.1 全流域协调发展趋势评价

利用式(4.26)和式(4.27)计算出清江流域2021—2030年水资源承载力系统的耦合度和耦合协调度如图6.14所示。

从图6.14来看,耦合度和耦合协调度变化趋势基本保持一致,呈现上升最后趋于稳定的变化趋势。2021—2022年,耦合度达到0.85以上,处于高水平耦合阶段,耦合协调度在0.44以上,处于中度水平耦合协调状态,此阶段的清江流域无论是发展水平还是耦合程度都相对较高;2023—2028年,耦合度达到了0.99,接近共振的高水平耦合状态,相对于耦合

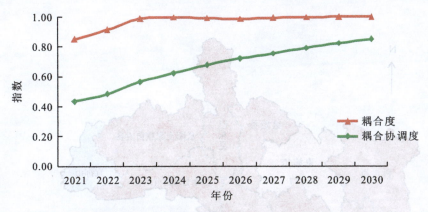

图 6.14　2021—2030 年清江流域水资源承载力系统耦合度和耦合协调度趋势变化图

度的高速上升,耦合协调度表现较为稳定,处于高度水平耦合协调状态,水资源量-水环境-水生态之间的发展速度保持好的协调发展模式,系统之间的协同配合程度高,因此,系统整体的耦合发展程度比较高;2029—2030 年,耦合度达到了 1.00 的共振耦合,耦合协调度达到 0.8 以上,处于极高度水平耦合协调状态,说明水资源承载力子系统耦合度较大,子系统间相互协调以达同步发展模式。这是水资源量-水环境-水生态系统发展的成熟阶段,复合系统内部各子系统相互适应、相互调节、相互促进,使之在较长时间内保持稳定、高效和可持续的发展,并实现动态的均衡。这种变化结果反映出清江流域"退田还湖、退耕还林、移民建镇"等生态修复和治理措施取得了成效。

6.4.2　10 个县市耦合协调度时空分异

1. 水资源量-水环境-水生态耦合度空间格局

从图 6.15 可以看出,清江流域县市单元经济发展与生态环境耦合度表现出明显的空间差异,耦合度分布从 0.11 到 0.99 不等。从表 6.8 可以看出,随着时间变化,清江流域 10 个县市子系统之间的耦合度时间变化幅度不大。2021—2030 年,处于高水平耦合阶段的地区(耦合度在 0.8 以上)包括利川市、建始县、巴东县、宣恩县、咸丰县、鹤峰县、长阳县和五峰县,处于磨合阶段的地区(耦合度在 0.5~0.8 之间)为恩施市,处于低水平耦合阶段的地区(耦合度在 0.3 以下)为宜都市。

从时间来看,作为农产品主产区的宜都市始终处于低水平耦合阶段,主要是因为生态保护红线面积占比较低且生态用水效率不高,均未达到红线定额目标的约束值;恩施市始终处于磨合阶段,主要是因为恩施市对水环境和水生态表现出较强的承载力,但是对水资源量的承载力较弱;利川市、咸丰县、宣恩县、建始县、巴东县、鹤峰县、长阳县和五峰县处于高水平耦合阶段,主要是因为以上县市的水资源量-水环境-水生态系统之间相互协调,已达到同步发展的状态。

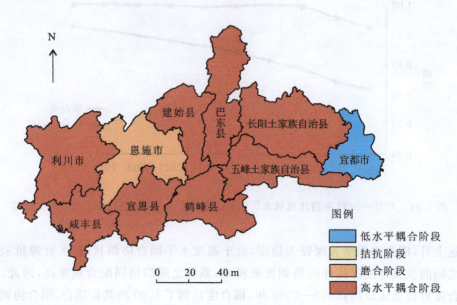

注：以《恩施土家族苗族自治州地图》(审图号：鄂S(2022)005号)和《宜昌市地图》(审图号：鄂S(2022)005号)为底图修改；后同。

图 6.15　清江流域县市单元耦合度分布空间示意图
(2021—2030年耦合度变化一致)

2. 水资源量-水环境-水生态协调度空间格局

(1) 从表6.9和图6.16可以看出，清江流域县市单元子系统耦合协调度分布不均衡(从0.11到0.76)，恩施市耦合协调度最高，宜都市耦合协调度最低。

(2) 从图6.16可以看出，清江流域县市单元水资源量-水环境-水生态协调度的空间分布特点和耦合协调度的特点是相似的，只是稍有差异。2021年高度水平协调地区(耦合协调度在0.5以上)包括恩施市、鹤峰县、五峰县和长阳县；中度水平耦合协调地区(耦合协调度在0.3～0.5之间)包括利川市、建始县、巴东县、宣恩县、咸丰县；低度水平耦合协调地区(耦合协调度在0.3以下)是宜都市；2025年高度水平耦合协调地区(耦合协调度在0.5以上)包括恩施市、利川市、建始县、鹤峰县、长阳县和五峰县；中度水平耦合协调地区(耦合协调度在0.3～0.5之间)包括咸丰县、宣恩县和巴东县；低度水平耦合协调地区(耦合协调度在0.3以下)为宜都市。2030年高度水平耦合协调地区(耦合协调度在0.5以上)包括恩施市和五峰县，中度水平耦合协调地区(耦合协调度在0.3～0.5之间)包括利川市、建始县、宣恩县、咸丰县、巴东县、鹤峰县和长阳县，低度水平耦合协调地区(耦合协调度在0.3以下)为宜都市。

(3) 从时间维度来看，作为农产品主产区的宜都市依然处于严重失调状态；恩施市和五峰县表现为高度水平耦合协调，主要是因为恩施市对水环境和水生态表现出较强的承载力，五峰县对水资源量和水生态表现出较强的承载力；咸丰县、宣恩县和巴东县表现为中度水平耦合协调，主要是因为对3个系统的承载力较弱且系统之间不能达到协同的发展状态。

第6章 清江流域水资源承载力预判及其警情趋势评价

表6.8 2021—2030年清江流域10个县市水资源承载力耦合度等级一览表

县市		2021年	2022年	2023年	2024年	2025年	2026年	2027年	2028年	2029年	2030年
恩施	指数	0.75	0.76	0.77	0.78	0.79	0.79	0.80	0.81	0.81	0.77
	等级	磨合	磨合	磨合	磨合	磨合	磨合	磨合	高水平	高水平	磨合
利川	指数	0.88	0.89	0.88	0.87	0.89	0.89	0.90	0.91	0.93	0.94
	等级	高水平	高水平	高水平	高水平	高水平	高水平	高水平	高水平	高水平	高水平
建始	指数	0.83	0.89	0.91	0.90	0.91	0.91	0.90	0.87	0.83	0.83
	等级	高水平	高水平	高水平	高水平	高水平	高水平	高水平	高水平	高水平	高水平
巴东	指数	0.86	0.86	0.87	0.85	0.89	0.89	0.91	0.93	0.95	0.93
	等级	高水平	高水平	高水平	高水平	高水平	高水平	高水平	高水平	高水平	高水平
宣恩	指数	0.83	0.84	0.85	0.86	0.88	0.88	0.88	0.87	0.86	0.85
	等级	高水平	高水平	高水平	高水平	高水平	高水平	高水平	高水平	高水平	高水平
咸丰	指数	0.83	0.83	0.83	0.84	0.84	0.84	0.85	0.87	0.90	0.95
	等级	高水平	高水平	高水平	高水平	高水平	高水平	高水平	高水平	高水平	高水平
鹤峰	指数	0.94	0.94	0.94	0.92	0.95	0.95	0.96	0.97	0.98	0.98
	等级	高水平	高水平	高水平	高水平	高水平	高水平	高水平	高水平	高水平	高水平
宜都	指数	0.11	0.11	0.11	0.11	0.11	0.11	0.11	0.11	0.12	0.13
	等级	低水平	低水平	低水平	低水平	低水平	低水平	低水平	低水平	低水平	低水平
长阳	指数	0.99	0.99	0.97	0.86	0.95	0.95	0.94	0.94	0.95	0.97
	等级	高水平	高水平	高水平	高水平	高水平	高水平	高水平	高水平	高水平	高水平
五峰	指数	0.90	0.90	0.89	0.90	0.87	0.87	0.86	0.85	0.85	0.83
	等级	高水平	高水平	高水平	高水平	高水平	高水平	高水平	高水平	高水平	高水平

耦合度及其评价

表6.9 2021—2030年清江流域10个县市水资源承载力耦合协调度等级一览表

县市		2021年	2022年	2023年	2024年	2025年	2026年	2027年	2028年	2029年	2030年
恩施	指数	0.72	0.72	0.73	0.73	0.75	0.75	0.76	0.76	0.76	0.73
	等级	高度水平	高度水平	高度水平	高度水平	高度水平	高度水平	高度水平	高度水平	高度水平	高度水平
利川	指数	0.49	0.49	0.49	0.49	0.48	0.48	0.48	0.47	0.46	0.44
	等级	中度水平	中度水平	中度水平	中度水平	中度水平	中度水平	中度水平	中度水平	中度水平	中度水平
建始	指数	0.47	0.49	0.50	0.51	0.50	0.50	0.50	0.50	0.51	0.50
	等级	中度水平	中度水平	中度水平	中度水平	中度水平	中度水平	中度水平	中度水平	中度水平	中度水平
巴东	指数	0.44	0.43	0.43	0.43	0.42	0.42	0.41	0.40	0.38	0.35
	等级	中度水平	中度水平	中度水平	中度水平	中度水平	中度水平	中度水平	中度水平	中度水平	中度水平
宣恩	指数	0.52	0.53	0.53	0.54	0.55	0.55	0.55	0.55	0.55	0.53
	等级	高度水平	高度水平	高度水平	高度水平	高度水平	高度水平	高度水平	高度水平	高度水平	高度水平
咸丰	指数	0.62	0.61	0.61	0.61	0.59	0.59	0.59	0.58	0.56	0.53
	等级	高度水平	高度水平	高度水平	高度水平	高度水平	高度水平	高度水平	高度水平	高度水平	高度水平
鹤峰	指数	0.53	0.52	0.51	0.51	0.49	0.49	0.48	0.48	0.46	0.42
	等级	中度水平	中度水平	中度水平	中度水平	中度水平	中度水平	中度水平	中度水平	中度水平	中度水平
宜都	指数	0.12	0.13	0.12	0.12	0.12	0.12	0.12	0.11	0.11	0.11
	等级	低度水平	低度水平	低度水平	低度水平	低度水平	低度水平	低度水平	低度水平	低度水平	低度水平
长阳	指数	0.44	0.43	0.41	0.34	0.36	0.36	0.34	0.33	0.31	0.27
	等级	中度水平	中度水平	中度水平	中度水平	中度水平	中度水平	中度水平	中度水平	中度水平	低度水平
五峰	指数	0.51	0.51	0.51	0.51	0.52	0.52	0.52	0.51	0.50	0.47
	等级	高度水平	高度水平	高度水平	高度水平	高度水平	高度水平	高度水平	中度水平	中度水平	中度水平

耦合协调度及其评价

第6章 清江流域水资源承载力预判及其警情趋势评价

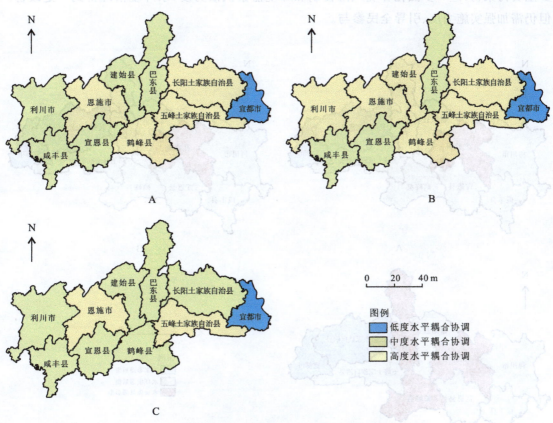

图 6.16　清江流域各县市单元耦合协调度分布空间示意图
A. 2021 年；B. 2025 年；C. 2030 年

3. 协调发展分类空间类型划分

结合 10 个县市的耦合度与耦合协调度发展水平评价结果，对清江流域 10 个县市单元进行的分类如表 4.6 所示，结果如图 6.17 所示。

清江流域社会经济发展过程中的"三水"短板呈现较明显的空间特征，随着时间变化，"三水"协调趋于有序化以达到同步发展。2021 年和 2025 年的空间特征表现一致：水资源量滞后型，恩施市；水环境滞后型，利川市、咸丰县、宣恩县、建始县、鹤峰县、巴东县、五峰县；水生态滞后型，长阳县和宜都市。由此可以看出，2021—2025 年，清江流域的水环境发展较为滞后，主要表现在工业废水排放量较大及农业化肥施用量较高，超过红线定额目标的约束值。

2030 年，水环境治理效果显现：水资源量滞后型，恩施市、巴东县和鹤峰县；水环境滞后型，利川市、咸丰县、宣恩县、建始县和五峰县；水生态滞后型，长阳县和宜都市。由此可以看出，此阶段，清江流域积极倡导实施水、土、气"三大战役"攻坚战，加强多污染源综合整治，减少主要污染物,进一步强化环境风险控制和环境监察执法力度,水环境治理得到一定改善,但仍需加强实施力度、引导全民参与。

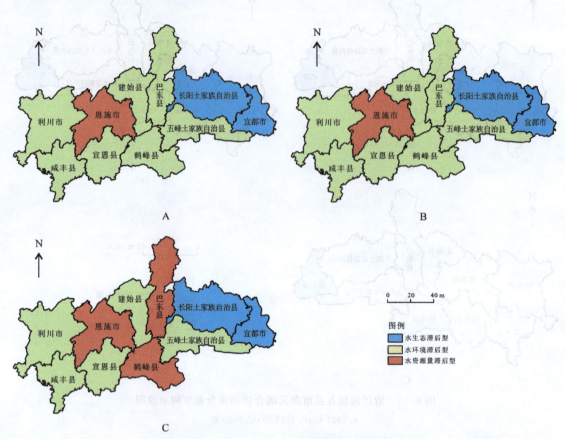

图 6.17 清江流域各县市单元耦合协调度类型分区示意图

A. 2021 年;B. 2025 年;C. 2030 年

第7章 研究结论与研究展望

高质量发展是关系人类前途和命运并为当今国际社会普遍关注的重大问题,水资源作为基础性的自然资源和战略性的经济资源,它的可持续利用是社会经济高质量发展的重要保障。本书综合考虑了主体功能区类型、"三水"共治多维度细化指标、红线管控等多个方面的因素,构建了清江流域水资源承载力评价指标体系,从单向评价、集成评价和耦合协调分析3个方面研究了清江流域水资源承载力及其协调发展状况,并为其他流域水资源承载力评价提供了借鉴。

7.1 研究结论

本书以社会经济、水资源量、水环境、水生态系统间的和谐发展为原则,以系统的高质量发展理念为指导,基于对水资源承载力的国内外研究现状、指标体系构建、评价方法及其科学内涵的梳理和总结,根据清江流域水资源承载力的现状,对今后一定时期内的水资源承载力进行了预测,通过预警阈值对水资源承载力进行预警,并据此向各水利部门发布预警信号。

(1)首先,通过文献梳理,确定了清江流域水资源承载力的评价内涵;其次,基于清江流域水资源承载力评价体系构建的思路和筛选评价指标的方法,通过定性与定量方法结合构建了包括万元GDP用水量、单位工业增加值用水量、有效灌溉面积率、工业废水排放量、单位耕地面积化肥施用量、水源地水质达标率、生态保护红线面积占比等18项指标的清江流域水资源承载力评价指标体系。

(2)水资源承载力单项评价,研判承载状态。水资源量维度,对社会经济发展和工业建设的承载力都表现出向好的发展趋势,2026年后表现为安全级别(绿灯),但农业生产的超载情况严重,仅2021—2023年的宜都市呈可承载状态,警戒度为安全级别(绿灯);受灌溉规模、灌溉用水等因素的影响,水资源承载力仍面临一定的挑战,比如有效灌溉面积超载30%以上,水资源利用方式粗放,单位工业增加值用水量和万元GDP用水量仍与水资源定额目标约束值有一定的距离。水环境维度,对工业建设、农业生产和城镇生活的承载状态和警戒度均向好发展,警戒度由安全级别(绿灯)下降至相对安全级别(蓝灯)又上升至安全级别(绿灯),其中水源地水质达标率的警戒度始终保持在安全级别(绿灯)。水生态维度,对生态系统的承载状态呈现先超载后可承载的向好趋势，警戒度从严重警告级别（红灯）波动变化至安全级别（绿灯）。

（3）水资源承载力集成评价，判断空间差异性。从总体来看，水资源承载力发展向好，2010—2020年警戒度保持在相对安全及以下级别（蓝灯和绿灯），2021—2030年水资源承载力向好发展，但是上升幅度不大，警戒度为安全级别（绿灯），2010—2030年，水生态维度承载力指数上升幅度大于水资源量和水环境维度的承载力，这也体现了国家对于清江流域的定位是属于国家重点生态功能区。从10个县市来看，2010—2030年时间差异浮动不大，但表现出明显的空间差异，恩施市的水资源承载力最强，警戒度为安全级别（绿灯），宜都市最弱，警戒度为相对安全及以下级别（蓝灯/绿灯），部分县市虽表现为轻度超载，但随着时间变化，超载率下降；2021—2030年，10个县市的水资源承载力均处于可承载区域，警戒度为安全级别（绿灯）。其中，水资源量维度，2010—2030年，10个县市的承载力指数和隶属度时间差异较小，但表现出明显的空间差异，恩施市和巴东县的承载力最弱，2023—2030年，除巴东县之外，其余9个县市的警戒度处于安全级别（绿灯）状态，巴东县的警戒度保持在相对安全及以下级别（蓝灯和绿灯）；水环境维度，10个县市的承载力指数和隶属度时间差异较小，但表现出明显的空间差异，恩施市的承载力最强，巴东县和宜都市的承载力最弱，2016—2020年，宜昌市的3个县市的水环境承载力整体升高并超越恩施市，2023—2030年，10个县市的警戒度呈安全级别（绿灯）；水生态维度，10个县市的承载力指数和隶属度时间差异较小，但表现出明显的空间差异，恩施市的承载力最强，宜都市的承载力最弱，其中宜都市的警戒度为低度警告级别（黄灯），长阳县的警戒度呈相对安全级别（蓝灯），其余8个县市的警戒度为安全级别（绿灯）。

（4）水资源承载力耦合协调发展评价，揭示"三水"共治短板。从总体来看，耦合度和协调度变化趋势基本保持一致，但是在2013年清江流域整体协同发展为逆发展，主要是由于2013年清江流域生产用水量上升，导致总用水量上升，同时城镇生态用水量下降，生态用水率下降，水生态维度承载力指数下降明显，2029—2030年，耦合度达到了1.00的共振耦合，协调度达到0.8以上，处于极高度水平耦合协调状态，说明水资源承载力子系统间相互协调以达同步发展模式；从10个县市来看，清江流域县市单元经济发展与生态环境耦合度表现出明显的空间差异，宜都市的耦合协调发展水平处于低耦合低水平的发展状态，水资源量-水环境-水生态系统仍处于协调发展初级阶段，各子系统发展水平较低同时缺少相互间的联系，复合系统耦合性较差，这是因为作为农产品主体功能区的宜都市若将它纳入清江流域生态功能重点保护范畴，它将处于失调状态，这也体现了资源承载力的评价必须结合主体功能定位的特点，恩施市因对水资源量系统表现出较弱的承载力，所以始终处于磨合阶段；清江流域社会经济发展过程中的"三水"短板呈现较明显的空间特征，随着时间变化，"三水"协调趋于有序化以达到同步发展，到2030年水资源量∶水环境∶水生态的滞后类型比例为3∶5∶2，主要还是表现为水环境滞后。

7.2 研究展望

基于本书的研究,进一步的研究方向如下。

(1)指标体系的全面性有待加强。本书选取的18项指标并未完全覆盖清江流域的各个行业、各个方面影响因素。因此,本书对清江流域水资源承载力的研究只能算是一个初步的评价分析,其研究结果对流域水管理规划具有一定的参考意义。如果需要对清江流域的水资源做出深入全面的研究,对指标的选取范围应更加广泛,结合定量方法对研究区水资源进行详细调查,这样得出的研究结果才能更加科学准确,更接近实际现状,对政府部门的水资源规划及利用方面也更具有指导意义。

(2)指标的红线约束值确定有待研究。本书在评价指标体系过程中,潜力值的确定都是参照一定的国家标准或地区标准,但是由于各地的社会经济发展水平差异较大,所以选取的红线约束值不一定符合当地的实际情况。此外,"可持续"这一概念是定性的,难以量化,这就使可持续的判断会受到诸多主观因素的影响,从而给研究带来一定难度。

第8章 政策建议

在生态文明建设进程中,清江流域的发展面临资源环境制约、经济发展方式转型、产业结构优化升级等方面的压力和挑战。在此基础上,本书给出了如下政策建议。

8.1 加强水生态环境的监测管理,提高水资源环境的承载力

清江流域各级政府应当加强以下方面的检测与管理。

第一,加强清江流域重要生态区域建设和保护。实施生态保护红线管理,建设生物多样性生态功能区及山水土保持生态功能区。

第二,加强沿江绿化带的建设。加强清江干支流河岸带和相关水库区库滨带的生态保护与修复。推进沿清江干流生态林带、国家储备林建设。修复裸露山体,保护利用清江流域滩涂地。

第三,加强清江中小流域治理。推进忠建河、马水河、野三河、龙王河、招来河、丹水、渔洋河等中小型河流治理工程。

第四,加强清江流域水源地保护。严格控制项目审批关,可以从以下几个方面高效推进水污染治理:①杜绝在饮用水水源地保护区内开展会导致水污染的农业生产建设、城镇建设、商业活动及娱乐项目;②水源地安全关乎民生福祉,一切影响安全的项目实行限批、慎批、拒批。

第五,加强水资源总量控制。严守水资源开发利用红线,控制流域和区域用水总量。加快建立以总量控制与定额管理为核心的水资源管理体系,严格落实用水总量控制指标,做好城市新建城区、重大产业布局规划及建设项目水资源论证工作。严格规范取水许可审批管理。严格执行地下水禁采和限采范围,逐步消减超采量,最终达到地下水开采与补给均衡的目的。

第六,清江流域应加强水质的监测。相关水资源管理部门、生态环境主管部门应做到及时跟踪、公布水功能区划,水环境质量标准和保护规划,水污染物排放标准及总量控制指标,饮用水水源监测情况,水质、水量监测点位的分布和监测预警,重点排污企业的水质状况,水

环境突发事件与对策,水环境质量指标的确定与评估,其他需要披露的法律和规章等资料。

第七,加强岸线保护与利用。推进清江流域岸线资源整理与建设方案的撰写,统筹清江岸线资源,加强岸线整治修复,完善岸线监管机制。

第八,严格防控船舶港口污染。实施《湖北省船舶污染防治工作方案》,推进港口岸电、港口船舶污染物接收转运处置、水上洗舱站等设施建设。

第九,加强河湖连通水系治理。推进清江流域各水系之间天然沟渠和人工渠道的清淤与扩建,推进相关地方的水生态修复和治理工程。

第十,加强城乡污水治理。实施《湖北省城市黑臭水体整治工作方案》,重点整治不达标水体,消除一批劣Ⅴ类断面,基本消除部分支流存在的劣Ⅴ类水体。实施《湖北省城乡生活污水治理工作方案》,推进城市污水处理厂提标升级改造,建立清江流域乡镇生活污水处理长效机制。

相关管理部门要开展水体普查,并将黑臭水体的名称、地点、责任人和达标时限等信息实时公开;制订污水处理方案,并通过控制污染源、垃圾清理、疏浚、生态修复等方式进行综合治理。同时,对水生态环境的保护工作,鼓励全民参与,且通过向有关部门举报、投诉的方式实施监督。县级人民政府应当及时向各级人民代表大会、上级人大常委会汇报清江流域的水生态环境保护工作,并依法接受监督。

8.2 严格落实责任制,实现"一河一长""一湖一长""一田一长"

"河湖长制"是我国新时期探索水资源保护的重要举措。清江流域涉及区域较广,河湖农田数量较多,积极落实河湖长制对于清江流域水资源的保护具有重要作用。一是严格落实责任监督制度,实现"一河一长""一湖一长""一田一长"。二是强化工业整顿。在实践中,所有的企业都应当严格按规定进行废水排放,"河湖长制"可以对污水排放过量的企业进行动态追踪和实时监督,可以采取裁减一批、改造一批、聚合一批的办法,进一步强化对塑料、铅蓄电池、印染、化工等重污染高能耗行业和"四无"企业的治理措施,推动企业转型,实现污染物排放达标。三是加强农村非点源污染治理,推行"田长制"。一方面,过量地施用农药和化肥对环境造成了严重的污染,"一田一长"可以有效监督农田污染状况;另一方面,垃圾处理效率较低,农村的污水大多是向河流直接排放,造成的河流淤泥也会对环境产生很大的影响。农业非点源污染治理要着重解决畜禽粪便、肥水养殖、病死动物等农业垃圾的无害化处理问题。四是强化对生活垃圾的治理力度。尤其是乡村地区,村民大多居住在水源附近,环保意识淡漠,且缺乏长效规范的生活垃圾和生活污水处理设施,垃圾乱埋乱倒,生活污水排放不达标等司空见惯,应加强农村污水排放系统的建设、垃圾统一收集清运等措施,保障水源质量。

8.3 认真落实主体功能区规划，科学划分水功能区

清江流域各县市政府和相关部门应根据国务院有关文件精神和《全国主体功能区规划》确定的开发原则，以《湖北省生态功能区划》和《湖北省水功能区划》等相关文件为标准，结合清江流域的实际情况，认真落实清江流域主体功能区规划，科学划分水资源功能区并组织推动实施，各政府履行相关职责，追踪指导和检查规划的落实情况。严格遵循湖北省"三线一单"，具体以清江流域各县市政府发布的区划政策、指令及相关规定为准，根据不同主体功能区发展的主要任务，对流域、地区的水资源进行合理的调拨，使各地区、各行业的用水需求与保护生态环境的需要相协调。实施严格的水资源管理体制，参照水资源的承载状态，加强对用水的需求和过程的控制，以达到合理的开发、有限的开发、有偿的开发和有效的可持续使用。

针对清江流域用水效率低下和用水结构不均衡的问题，统筹清江流域干流和支流、上中下游的梯级开发，强化水资源的开发和管理，强化水利枢纽建设，突出用水效益问题，提高清江流域各县市的用水效率。同时加强对清江流域干流和支流、丰水和枯水期水资源的统筹调控能力，确保重点开发区的城镇建设、社会经济和环境生态的用水需求，并对各行业、产业的用水进行科学规划，优化用水结构。要加强水资源的全面规划，充分发挥水资源的多种功能，优化空间布局，提高水资源利用水平。

8.4 科学分析水资源评估结果，精准调整超承载力用水现象

从水资源量维度指标评价结果来看，除宜都市以外，清江流域各县市的水资源量均处于较高水平，其中恩施市、利川市水资源丰度、地表水资源量和地下水资源量等资源禀赋指标明显高于其他县市，但仍然存在灌溉可用水量及可承载的灌溉面积均超过承载力问题，其最大的原因在于灌溉效率低下；宜都市作为清江流域工业建设规模最大的县市，其城镇建设可用水承载量、可承载的城镇建设用地规模均处于超载状态；除恩施市和利川市外，其他县市城镇建设可用水承载量较少，于2015年均出现超载现象。

从水环境维度指标评价结果来看，2013—2015年各县市COD排放量、工业废水量排放量等指标均处于超载状态，2016年开始逆转为可承载状态；作为第一产业主导的县市有宣恩县、咸丰县、巴东县、建始县和鹤峰县，其2013—2018年化肥施用总量多数处于超载状态；

除宜都市、长阳县和恩施市外,其他县市均存在生活污染超载问题。

从水生态维度指标评价结果来看,除恩施市等个别县市之外,生态用水率均呈现不足,其中宜都市最为严重;宜都市生态保护红线面积占比严重不足。

1. 严控用水总量

认真贯彻落实《湖北省城镇供水条例》和《湖北省人民政府关于实施最严格水资源管理制度的意见》。贯彻落实水资源集约、节约利用,构建合理的用水总量控制指标体系,严格控制流域和地区的用水总量。对建设工程进行水资源论证,进一步加强对取水许可证的审批与管理,对已经处于临界标准或超过规定标准的工程项目,暂时停止一切下级呈报上级的书面计划、报告等。遵守取水许可证制度的管理,对列入取水许可证的企业和个人实行规划用水,并设立重点监督用水单位。新改扩工程的用水效率应达到国内领先水平,并与主体工程同时规划、施工、投运。

2. 落实县、镇级"三条红线"考核

从保障清江流域水资源安全出发,落实"三条红线"考核,细化到乡镇及河湖库,据各乡镇产业结构、人口密度、用水水平等实际情况合理制定考核指标,加强对清江流域的水功能区管理,对水功能区达标情况进行县级考核。

3. 提高用水效率

恩施段和宜昌段的万元 GDP 用水量、农业灌溉亩均用水量、单位工业增加值用水量、城镇生活人均用水量 4 项指标均高于全省平均指标,可通过调控水价、推进农业灌溉设施节水改造、推进农业节水技术应用、推广生活节水器具等,积极推进节水型社会建设,保障水资源安全。

水价调控:实行居民阶梯水价制度,实行资源价格差异化,实行阶梯水价调节,超定额等非居民用水制度。

农业节水:废除旧的农业节水技术,建立新的节水技术,使高水平的渠道防渗、管道输水、喷灌、微灌等技术和装备有更大的适用范围。

生活节水:推广和鼓励居民家庭使用节水器,在公用建筑中使用节水器,并在一定时间内淘汰不合格的水口、便器水箱等生活用水器具。加大节水宣传力度,提高居民节水意识。

工业节水:建立和完善循环用水系统,提高工业用水重复率;改革生产工艺和用水工艺,采用节水工艺,采用无污染或少污染技术,推广新的节水设备。

4. 加快推进乡镇污水处理厂建设

在清江流域各县市已经开展的污水处理厂建设项目基础上,进一步完善污水管网、污水处理能力建设。加快推进农村生活污水治理措施,结合流域内农村居民分布特点及现状,对河道周边每家每户采用新建小型一体化粪池一座;在人口非密集地区,使用小型废水处理装置或天然处理方式,并进行合理的布置,原则上远离河道,避免对河道造成影响。

5. 农业面源污染治理

加快实施农业生态沟渠净化、秸秆综合利用等工程,尽快开展科学施肥试点,进而推广普及测土配方施肥,推广新肥料新技术,引导农民使用生物农药或高效、低毒、低残留农药。通过技能培训及在播种施肥季节通过广播、新闻、报刊、互联网、新媒体(微信公众号、微博)等方式宣传普及测土配方施肥对保护耕种质量、节约成本的意义;组织技术人员到各乡镇进行配方施肥技术和优势的介绍、培训,提高农民意识,能够自觉"按方施肥"和"施配方肥"。

针对肥料包装袋、农药瓶(袋)随意丢弃于田地、水边,应积极开展肥料、农药包装袋户收集、村集中、乡镇转运、县市集中无害化处理,减少肥料、农药废弃物污染。

6. 畅通河湖连通体系

建立河湖连通体系,使得河湖水体能自由流通,恢复水系原貌,全面落实清江流域生态流量和生态水位全面达到承载要求,根据需要对连通河港及湖泊开展清淤工作,全面核定流域各段生态所需最低水位和流量,严格管理水电站、闸站泵房等水利设施的最低下泄流量。从规划设计、工程改建、调度运行等几个方面着手,加强拦河闸坝的运行管理,定期对它们进行清淤维护,对未经水利部门审批的拦河闸坝进行重新评估,并根据重新评价的操作模式进行改造或废除。

结合清江流域各水域实际情况,完成水域岸线划界确权工作,明确水域管理保护范围,落实各成员单位及相关部门管理责任,实行分级管理,岸线保洁、管护责任落实到镇、到村、到人,建立多部门联动协调机制,完善现行管理体制,对保护范围内一切违规违法行为给予严厉打击。

主要参考文献

安晶潭,张爱,陈凌,等,2016.基于系统动力学与模糊预警模型的畜禽养殖资源环境承载力预测[J].江苏农业科学,44(4):440-444.

白洁,王欢欢,刘世存,等,2020.流域水环境承载力评价:以白洋淀流域为例[J].农业环境科学学报,39(5):1070-1076.

柏继云,孟军,吴秋峰,2007.黑龙江省大豆生产预警指标体系的构建[J].东北农业大学学报,38(4):568-572.

包晔,蔡建平,沈陆娟,2014.杭州市水环境安全评价与预警模型[J].数学的实践与认识,44(20):148-155.

卞锦宇,宋轩,耿雷华,等,2020.太湖流域水资源承载力特征分析及评价研究[J].节水灌溉(1):73-83.

曹诗图,杨丽斌,2015.清江流域旅游环境的水污染综合治理研究[J].生态经济,31(4):141-144.

陈国阶,1996.对环境预警的探讨[J].重庆环境科学,18(5):1-4.

陈晓雨婧,吴燕红,夏建新,2019.甘肃省资源环境承载力监测预警[J].自然资源学报,34(11):2378-2388.

陈悦,刘则渊,2005.悄然兴起的科学知识图谱[J].科学学研究,23(2):149-154.

成金华,戴胜,王然,2017.县域生态文明评价指标体系构建及其应用[J].环境经济研究,2(4):107-122.

成金华,王然,2018.基于共抓大保护视角的长江经济带矿业城市水生态环境质量评价研究[J].中国地质大学学报(社会科学版),18(4):1-11.

崔东亮,王成坤,何舸,等,2021.基于"双评价"模型的威海市水资源承载力研究[J].水利规划与设计(8):23-28.

邓绍云,文俊,2004.区域水资源可持续利用预警指标体系构建的探讨[J].云南农业大学学报,19(5):607-610.

杜立新,唐伟,房浩,等,2014.基于多目标模型分析法的秦皇岛市水资源承载力分析[J].地下水,36(6):80-83.

杜雪芳,李彦彬,张修宇,2022.基于TOPSIS模型的郑州市水资源承载力研究[J].人民黄河,44(2):84-88.

段春青,刘昌明,陈晓楠,等,2010.区域水资源承载力概念及研究方法的探讨[J].地理学报,65(1):82-90.

董雯,刘志辉,2010.艾比湖流域水资源承载力综合评价[J].干旱区地理,33(2):217-223.

樊杰,王亚飞,汤青,等,2015.全国资源环境承载能力监测预警(2014版)学术思路与总体技术流程[J].地理科学,35(1):1-10.

樊杰,周侃,王亚飞,2017.全国资源环境承载能力预警(2016版)的基点和技术方法进展[J].地理科学进展,36(3):266-276.

方创琳,贾克敬,李广东,等,2017.市县土地生态-生产-生活承载力测度指标体系及核算模型解析[J].生态学报,37(15):5198-5209.

封志明,李鹏,2018.水资源承载力研究方法总结与再思考[J].自然资源学报,33(9):1475-1489.

封志明,刘登伟,2006.京津冀地区水资源供需平衡及其水资源承载力[J].自然资源学报,21(5):689-699.

封志明,杨艳昭,闫慧敏,等,2017.百年来的资源环境承载力研究:从理论到实践[J].资源科学,39(3):379-395.

封志明,游珍,杨艳昭,等,2021.基于三维四面体模型的西藏资源环境承载力综合评价[J].地理学报,76(3):645-662.

傅伯杰,1993.区域生态环境预警的理论及其应用[J].应用生态学报,4(4):436-439.

高新才,赵玲,2009.黑河流域水资源人口承载力仿真模拟预测[J].兰州大学学报(社会科学版),37(5):96-100.

高正,黄介生,曾文治,等,2016.基于SWAT模型的清江长阳段非点源污染及其控制方案研究[J].中国农村水利水电(9):174-177.

国际统计信息中心课题组,郑京平,郑泽香,等,2001.世界经济走势及其对中国经济发展的影响[J].管理世界(1):31-40.

耿福明,薛联青,吴义锋,2007.基于净效益最大化的区域水资源优化配置[J].河海大学学报(自然科学版),35(2):149-152.

顾文权,胡雅洁,包秀凤,等,2021.典型南方小流域水资源承载能力分析[J].武汉大学学报(工学版),54(5):381-386.

郭倩,汪嘉杨,张碧,2017.基于DPSIRM框架的区域水资源承载力综合评价[J].自然资源学报,32(3):484-493.

何宜庆,翁异静,2012.鄱阳湖地区城市资源环境与经济协调发展评价[J].资源科学,34(3):502-509.

侯剑华,胡志刚,2013.CiteSpace软件应用研究的回顾与展望[J].现代情报,33(4):5.

胡晓添,濮励杰,陈志刚,等,2005.土地因素对房价的时效影响实证分析:以南京市为例[J].中国土地科学,19(6):36-39.

胡永江,丁超,朱菊,等,2021.基于文献计量学的水资源承载力研究进展综述[J].内蒙古科技大学学报,40(1):91-97.

黄昌硕,耿雷华,冰颜,等,2021.水资源承载力动态预测与调控:以黄河流域为例[J].水科学进展,32(1):59-67.

黄佳聪,高俊峰,2010.智能算法及其在环境预警中的应用[J].环境监控与预警,2(3):5-8,17.

惠泱河,蒋晓辉,黄强,等,2001.二元模式下水资源承载力系统动态仿真模型研究[J].地理研究,20(2):191-198.

贾滨洋,袁一斌,王雅潞,2008.特大型城市资源环境承载力监测预警指标体系的构建:以成都市为例[J].观察,46(12):54-57.

焦雯珺,闵庆文,李文华,等,2016.基于ESEF的水生态承载力评估:以太湖流域湖州市为例[J].长江流域资源与环境,25(1):147-155.

金菊良,陈梦璐,郦建强,等,2018.水资源承载力预警研究进展[J].水科学进展,29(4):583-596.

康健,王建华,王素芬,2020.海河流域农业水资源承载力评价研究[J].水利水电技术,51(4):47-56.

雷勋平,邱广华,2016.基于熵权TOPSIS模型的区域资源环境承载力评价实证研究[J].环境科学学报,36(1):314-323.

李江风,汪华斌,吕贻峰,1999.清江流域旅游资源分布规律及成因[J].地球科学(4):374-377.

李令跃,甘泓,2000.试论水资源合理配置和承载能力概念与可持续发展之间的关系[J].水科学进展,11(3):307-313.

李明,董少彧,张海红,等,2015.基于多维状态空间与神经网络模型的山东省海域承载力评价与预警研究[J].海洋通报,34(6):608-615.

李宁,刘晋羽,谢涛,2015.水资源环境承载能力监测预警平台设计探讨[J].环境科技(2):57-61.

李雨欣,薛东前,宋永永,2021.中国水资源承载力时空变化与趋势预警[J].长江流域资源与环境,30(7):1574-1584.

廖重斌,1999.环境与经济协调发展的定量评判及其分类体系:以珠江三角洲城市群为例[J].热带地理,19(2):171-177.

刘恒,耿雷华,陈晓燕,2003.区域水资源可持续利用评价指标体系的建立[J].水科学进展,14(3):265-270.

刘慧,蔡定建,许宝泉,等,2011.基于因子分析和熵权法的赣江源流域水资源承载力研究[J].安徽农业科学,39(23):14264-14267.

刘金花,李向,郑新奇,2019.多尺度视角下资源环境承载力评价及其空间特征分析:以济南市为例[J].地域研究与开发,38(4):115-121.

刘睿劼,2014.基于改进的生态足迹模型的地区承载力评价研究[D].北京:清华大学.

刘瑞娟,王建伟,刘宇腾,等,2018.中国道路货运发展与宏观经济增长:基于合成指数的周期性波动研究[J].工业技术经济(11):145-152.

刘瑞元,2002.加权欧氏距离及其应用[J].数理统计与管理,21(5):17-19.

刘文政,朱瑾,2017.资源环境承载力研究进展:基于地理学综合研究的视角[J].中国人口·资源与环境,27(6):75-86.

刘晓,陈隽,范琳琳,等,2014.水资源承载力研究进展与新方法[J].北京师范大学学报(自然科学版),50(3):312-318.

刘玉洁,代粮,张捷,等,2020.资源承载力监测:以西藏"一江两河"地区为例[J].自然资源学报,35(7):1699-1713.

刘则渊,2019.知识图谱视野下的陈昌曙及技术哲学[J].自然辩证法研究,35(5):102-109.

刘志明,周真中,王永强,等,2019.基于灰色预测模型的区域水资源承载力预测分析[J].长江科学院院报,36(9):34-39.

刘子刚,郑瑜,2011.基于生态足迹法的区域水生态承载力研究:以浙江省湖州市为例[J].资源科学,33(6):1083-1088.

刘昭,周宏,曹文佳,等,2021.清江流域地表水重金属季节性分布特征及健康风险评价[J].环境科学,42(1):175-183.

龙秋波,朱文彬,吕爱锋,2020.水资源承载风险监测预警理论与方法探析[J].南水北调与水利科技(中英文),19(6):1147-1156.

卢洪涛,李纲,2014.网络搜索关键词时序变化特征研究:以H7N9禽流感关键词实验为例[J].情报杂志,33(11):175-180.

陆砚池,方世明,2018.中国省域水资源生态足迹格局均衡性研究[J].水土保持研究,25(4):289-297.

吕添贵,吴次芳,游和远,2013.鄱阳湖生态经济区水土资源与经济发展耦合分析及优化路径[J].中国土地科学,27(9):3-10.

马丁,2018.小流域山洪灾害预警指标计算方法应用研究[J].河北水利电力学院学报(2):21-27.

马丽,金凤君,刘毅,2012.中国经济与环境污染耦合度格局及工业结构解析[J].地理学报,67(10):1299-1307.

牟海省,刘昌明,1994.我国城市设置与区域水资源承载力协调研究刍议[J].地理学报,49(4):338-344.

潘兴瑶,夏军,李法虎,等,2007.基于GIS的北方典型区水资源承载力研究:以北京市通州区为例[J].自然资源学报(4):664-671.

彭欣杰,成金华,方传棣,2021.基于"三线一单"长江经济带经济-资源-环境协调发展研究[J].中国人口·资源与环境,31(5):163-173.

秦成,王红旗,田雅楠,等,2011.资源环境承载力评价指标研究[J].中国人口·资源与环境,21(12):335-338.

热孜娅·阿曼,方创琳,赵瑞东,2020a.新疆水资源承载力评价与时空演变特征分析[J].长江流域资源与环境,29(7):1576-1585.

热孜娅·阿曼,方创琳,2020b.新疆水资源承载力的系统动力学仿真与情景模拟[J].环境科学与技术,43(6):205-215.

宋松柏,蔡焕杰,2004.区域水资源可持续利用评价的人工神经网络模型[J].农业工程学报,20(6):89-92.

苏敏杰,白栩嘉,2018.基于最大熵投影寻踪模型的云南省近10 a水资源承载力评价[J].长江科学院院报,35(6):12-18.

苏贤保,李勋贵,赵军峰,2018.水资源-水环境阈值耦合下的水资源系统承载力研究[J].资源科学,40(5):1016-1025.

孙国营,孙新杰,霍兴赢,等,2019.基于三支决策改进TOPSIS的水资源承载力评价[J].节水灌溉(12):77-81.

孙久文,易淑昶,2020.大运河文化带城市综合承载力评价与时空分异[J].经济地理,40(7):12-21.

孙阳,王佳韡,伍世代,2022.近35年中国资源环境承载力评价:脉络、热点及展望[J].自然资源学报,37(1):34-58.

孙毅,常胜,卢艳秋,等,2014.恩施州水环境承载力研究[J].湖北民族学院学报(自然科学版),32(4):467-468.

孙钰,姜宁宁,崔寅,2020.京津冀生态文明与城市化协调发展的时序与空间演变[J].中国人口·资源与环境,30(2):138-147.

陶文钊,2018.中国改革开放与有利国际环境的积极营造[J].国际展望,10(3):1-12.

谭立波,许东,2014.辽河流域水环境预警研究[J].中国农学通报,30(35):154-157.

唐晓华,张欣钰,李阳,2018.中国制造业与生产性服务业动态协调发展实证研究[J].经济研究,53(3):79-93.

王富强,李鑫,赵衡,等,2021.基于水环境容量和综合指标体系的区域水环境承载力评价[J].华北水利水电大学学报(自然科学版),42(2):24-31.

王耕,刘秋波,丁晓静,2013.基于系统动力学的辽宁省生态安全预警研究[J].环境科学与管理,38(2):144-149.

王浩,秦大庸,王建华,等,2004.西北内陆干旱区水资源承载能力研究[J].自然资源学报,19(2):151-159.

汪华斌,李江风,吕贻峰,等,2000.清江流域旅游资源多层次灰色评价[J].系统工程理论与实践(4):127-131.

王慧敏,刘新仁,徐立中,2001.流域可持续发展的系统动力学预警方法研究[J].系统工程,19(3):61-68.

汪嘉杨,翟庆伟,郭倩,等,2017.太湖流域水环境承载力评价研究[J].中国环境科学,37(5):1979-1987.

王文国,何明雄,潘科,等,2011.四川省水资源生态足迹与生态承载力的时空分析[J].自然资源学报,26(9):1555-1565.

王喜峰,沈大军,2019.黄河流域高质量发展对水资源承载力的影响[J].环境经济研究,4(4):47-62.

王先甲,汪磊,2012.基于马氏距离的改进型TOPSIS在供应商选择中的应用[J].控制与决策,27(10):1566-1570.

王晓玮,邵景力,崔亚莉,等,2017.基于DPSIR和主成分分析的阜康市水资源承载力评价[J].南水北调与水利科技,15(3):37-42,48.

王亚飞,樊杰,周侃,2019.基于"双评价"集成的国土空间地域功能优化分区[J].地理研究,38(10):2415-2429.

王奕淇,李国平,2016.基于能值拓展的流域生态外溢价值补偿研究:以渭河流域上游为例[J].中国人口·资源与环境,26(11):69-75.

王友贞,施国庆,王德胜,2005.区域水资源承载力评价指标体系的研究[J].自然资源学报,20(4):597-604.

王兆庆,殷有,周旺明,2013.基于韦伯-费希纳定律的辽河流域水库水环境综合预警评价[J].黑龙江农业科学(5):99-102.

魏超,2015.长三角沿海八市区域承载力评价与预测方法研究[D].上海:华东师范大学.

文俊,金菊良,王龙,等,2006.区域水资源可持续利用预警评价的理论框架探讨[J].水利科技与经济,12(8):518-520,524.

吴开亚,金菊良,魏一鸣,2009.流域水安全预警评价的智能集成模型[J].水科学进展,20(4):518-525.

吴延熊,郭仁鉴,周国模,1999.区域森林资源预警的警度划分[J].浙江林学院学报(1):70.

伍文琪,罗贤,黄玮,等,2018.云南省水资源承载力评价与时空分布特征研究[J].长江流域资源与环境,27(7):1517-1524.

夏军,刁艺璇,佘敦先,等,2022.鄱阳湖流域水资源生态安全状况及承载力分析[J].水资源保护,38(3):1-8.

夏军,朱一中,2002.水资源安全的度量:水资源承载力的研究与挑战[J].自然资源学报,17(3):262-269.

解钰茜,吴昊,崔丹,等,2019.基于景气指数法的中国环境承载力预警[J].中国环境科学,39(1):440-448.

熊建新,陈端吕,彭保发,等,2014.洞庭湖区生态承载力系统耦合协调度时空分异[J].地理科学,34(9):1108-1116.

邢霞,修长百,刘玉春,2020.黄河流域水资源利用效率与经济发展的耦合协调关系研究[J].软科学,34(8):44-50.

许长新,吴骁远,2020.水环境承载力约束下区域城镇化发展合理速度分析[J].中国人口·资源与环境,30(3):135-142.

徐美,刘春腊,2020.湖南省资源环境承载力预警评价与警情趋势分析[J].经济地理,40(1):187-196.

徐卫华,杨琰瑛,张路,等,2017.区域生态承载力预警评估方法及案例研究[J].地理科学进展,36(3):306-312.

许杨,陈菁,夏欢,等,2019.基于DPSR-改进TOPSIS模型的淮安市水资源承载力评价[J].水资源与水工程学报,30(4):47-52.

徐勇,张雪飞,周侃,等,2017.资源环境承载能力预警的超载成因分析方法及应用[J].地理科学进展,36(3):277-285.

徐志,马静,王浩,等,2019.长江口影响水资源承载力关键指标与临界条件[J].清华大学学报(自然科学版),59(5):364-372.

杨亮洁,杨海楠,杨永春,等,2020.基于耦合协调度模型的河西走廊生态环境质量时空格局演化[J].中国人口·资源与环境,30(1):102-112.

杨秀平,2018.城市旅游环境承载力评价与优化研究[D].秦皇岛:燕山大学.

叶有华,韩宙,孙芳芳,等,2017.小尺度资源环境承载力预警评价研究:以大鹏半岛为例[J].生态环境学报,26(8):1275-1283.

叶文,王会肖,许新宜,等,2015.资源环境承载力定量分析:以秦巴山水源涵养区为例[J].中国生态农业学报 23(8):1061-1072.

余灏哲,李丽娟,李九一,2020.基于量-质-域-流的京津冀水资源承载力综合评价[J].资源科学,42(2):358-371.

虞晓芬,傅玳,2004.多指标综合评价方法综述[J].统计与决策(11):119-121.

岳东霞,马金辉,巩杰,等,2009.中国西北地区基于的生态承载力定量评价与空间格局[J].兰州大学学报(自然科学版),45(6):68-75.

袁鹰,甘泓,汪林,等,2006.水资源承载能力三层次评价指标体系研究[J].水资源与水工程学报,17(3):13-17.

臧正,郑德凤,孙才志,2015.区域资源承载力与资源负荷的动态测度方法初探:基于辽宁省水资源评价的实证[J].资源科学,37(1):52-60.

曾晨,刘艳芳,张万顺,等,2011.流域水生态承载力研究的起源和发展[J].长江流域资源与环境,20(2):203-210.

曾现进,李天宏,温晓玲,2013.基于AHP和向量模法的宜昌市水环境承载力研究[J].环境科学与技术,36(6):200-205.

张爱国,李鑫,张义明,等,2021.城市水资源承载力评价指标体系构建:以天津市为例[J].安全与环境学报,21(4):1839-1848.

张军,张仁陟,周冬梅,2012.基于生态足迹法的疏勒河流域水资源承载力评价[J].草业学报,21(4):267-274.

张宁宁,栗晓玲,周云哲,等,2019.黄河流域水资源承载力评价[J].自然资源学报,34(8):1759-1770.

张引,杨庆媛,闵婕,2016.重庆市新型城镇化质量与生态环境承载力耦合分析[J].地理学报,71(5):817-828.

赵宏波,马延吉,苗长虹,2015.基于熵值-突变级数法的国家战略经济区环境承载力综合评价及障碍因子:以长吉图开发开放先导区为例[J].地理科学,35(12):1525-1532.

赵静,王颖,赵春子,等,2017.延边州水资源生态足迹与承载力动态研究[J].中国农业大学学报,22(12):74-82.

赵强,李秀梅,高倩,等,2018.基于模糊综合评判的山东省水资源承载力评价[J].生态科学,37(4):188-194.

赵新宇,费良军,高传昌,2005.城市水资源承载能力多目标分析[J].西北农林科技大学学报(自然科学版)(9):99-102.

郑德凤,徐文瑾,姜俊超,等,2021.中国水资源承载力与城镇化质量演化趋势及协调发展分析[J].经济地理,41(2):72-81.

周钰,王亮,李西灿,等,2020.基于生态足迹的格网化生态承载力评价:以衡水市为例[J].测绘通报(6):93-98.

周云哲,栗晓玲,周正弘,2019.基于"量-质-域-流"四维指标体系的水资源荷载状况评价:以黑河流域三地市为例[J].干旱地区农业研究,37(3):215-231.

周伟,袁国华,罗世兴,2015.广西陆海统筹中资源环境承载力监测预警思路[J].中国国土资源经济(10):8-12.

朱一中,夏军,谈戈,2002.关于水资源承载力理论与方法的研究[J].地理科学进展,21(2):180-188.

朱一中,夏军,谈戈,2003.西北地区水资源承载力分析预测与评价[J].资源科学,25(4):43-48.

朱一中,夏军,王纲胜,2005.张掖地区水资源承载力多目标情景决策[J].地理研究,24(5):732-740.

朱玉林,李明杰,顾荣华,2017.基于压力-状态-响应模型的长株潭城市群生态承载力安全预警研究[J].长江流域资源与环境,26(12):2057-2064.

朱悦,2020.基于"三水"内涵的水环境承载力指标体系构建:以辽河流域为例[J].环境工程技术学报,10(6):1029-1035.

左其亭,张修宇,2015.气候变化下水资源动态承载力研究[J].水利学报,46(4):387-395.

左其亭,张志卓,吴滨滨,2020.基于组合权重TOPSIS模型的黄河流域九省区水资源承载力评价[J].水资源保护,36(2):1-7.

主要参考文献

ABERNETHY V D, 2001. Carrying capacity: the tradition and policy implications of limits[J/OL]. Ethics in Science and Environmental Politics: 9 – 18(2001 – 01 – 23)[2019 – 10 – 20]. https://www.int – res.com/articles/esep/2001/article1.pdf. DOI: 10.3354/esep001009.

ACUNA – ALONSO C, FERNANDES A C P, ÁLVAREZ X, et al., 2021. Water security and watershed management assessed through the modelling of hydrology and ecological integrity: a study in the Galicia – Costa (NW Spain)[J/OL]. Science of the Total Environment, 759: 143905(2020 – 12 – 03)[2021 – 10 – 20]. https://doi.org/10.1016/j.scitotenv.2020.143905.

AHMED K, SHAHID S, HARUN S B, et al., 2015. Assessment of groundwater potential zones in an arid region based on catastrophe theory[J]. Earth Science Informatics, 8(3): 539 – 549.

BU J H, LI C H, WANG X, et al., 2020. Assessment and prediction of the water ecological carrying capacity in Changzhou city, China[J/OL]. Journal of Cleaner Production, 277: 123988(2020 – 08 – 27)[2021 – 10 – 20]. https://doi.org/10.1016/j.jclepro.2020.123988.

CAPELLO R, FAGGIAN A, 2002. An economic – ecological model of urban growth and urban externalities: empirical evidence from Italy[J]. Ecological Economics, 40(2): 181 – 198.

CHEN C M, HU Z G, LIU S B, et al., 2013. Emerging trends in regenerative medicine: a scientometric analysis in CiteSpace[J]. Expert Opinion on Biological Therapy, 12(5): 593 – 608.

CHEN C, PING S, ZHANG X M, et al., 2022. Transfer study of safety training based on mapping knowledge domain: overview, factors and future[J/OL]. Safety Science, 148: 105678(2022 – 01 – 22)[2022 – 02 – 01]. https://doi.org/10.1016/j.ssci.2022.105678.

CHENG J Y, ZHOU K, CHEN D, et al., 2016. Evaluation and analysis of provincial differences in resources and environment carrying capacity in China[J]. Chinese Geographical Science, 26(4): 539 – 549.

CHENG X, LONG R Y, CHEN H, 2017. Obstacle diagnosis of green competition promotion: a case study of provinces in China based on catastrophe progression and fuzzy rough set methods[J]. Environmental Science & Pollution Research, 25(2): 4344 – 4360.

CHI M B, ZHANG D S, FAN G W, et al., 2019. Prediction of water resource carrying capacity by the analytic hierarchy process – fuzzy discrimination method in a mining area[J]. Ecological Indicators, 96: 647 – 655.

CHU Q H, JIANG H Z, JING Y G, et al., 2022. Evaluating and simulating resource and environmental carrying capacity in arid and semiarid regions: a case study of Xinjiang, China[J/OL]. Journal of Cleaner Production, 338: 130646(2022 – 01 – 23)[2022 – 02 – 01]. https://doi.org/10.1016/j.jclepro.2022.130646.

DENICOLA E, ABURIZAIZA O S, SIDDIQUE A, et al., 2015. Climate change and water scarcity: the case of Saudi Arabia[J]. Annals of Global Health, 81(3): 342-353.

DING L, CHEN K L, CHENG S G, et al., 2015. Water ecological carrying capacity of urban lakes in the context of rapid urbanization: a case study of East Lake in Wuhan[J]. Physics and Chemistry of the Earth, 89/90: 104-113.

DUAN T T, FENG J S, ZHOU Y Q, et al., 2021. Systematic evaluation of management measure effects on the water environment based on the DPSIR-Tapio decoupling model: a case study in the Chaohu Lake watershed, China[J/OL]. Science of the Total Environment, 801: 149528(2021-08-08)[2021-10-11]. https://doi.org/10.1016/j.scitotenv.2021.149528.

FANG H Y, GAN S W, XUE C Y, 2019. Evaluation of regional water resources carrying capacity based on binary index method and reduction index method[J]. Water Science and Engineering, 12(4): 263-273.

FENG L H, ZHANG X C, LUO G Y, 2008. Application of system dynamics in analyzing the carrying capacity of water resources in Yiwu City, China[J]. Mathematics and Computers in Simulation, 79(3): 269-278.

FU J Y, ZANG C F, ZHANG J M, 2020. Economic and resource and environmental carrying capacity trade-off analysis in the Haihe River basin in China[J/OL]. Journal of Cleaner Production, 270: 122271(2020-07-08)[2021-10-10]. https://doi.org/10.1016/j.jclepro.2020.122271.

GAO S, SUN H H, ZHAO L, et al., 2019. Dynamic assessment of island ecological environment sustainability under urbanization based on rough set, synthetic index and catastrophe progression analysis theories[J/OL]. Ocean and Coastal Management, 178(6): 104790(2019-05-28)[2020-06-20]. https://doi.org/10.1016/j.ocecoaman.2019.04.017.

GYORGY G P, 1999. The Danube accident emergency warning system[J]. Water Science and Technology, 40(10): 27-33.

HE Y H, WANG Z R, 2021. Water-land resource carrying capacity in China: changing trends, main driving forces, and implications[J/OL]. Journal of Cleaner Production, 331: 130003(2021-12-09)[2022-02-01]. https://doi.org/10.1016/j.jclepro.2021.130003.

HU G Z, ZENG W H, YAO R H, et al., 2021. An integrated assessment system for the carrying capacity of the water environment based on system dynamics[J/OL]. Journal of Environmental Management, 295: 113045(2021-06-24)[2021-09-28]. https://doi.org/10.1016/j.jenvman.2021.113045.

HU M Q, LI C J, ZHOU W X, et al., 2022. An improved method of using two-dimensional model to evaluate the carrying capacity of regional water resource in Inner

Mongolia of China[J/OL]. Journal of Environmental Management,313:114896(2022 - 07 - 01)[2022 - 07 - 10]. https://doi.org/10.1016/j.jenvman.2022.114896.

JIA Y W,WANG H,ZHOU Z H,et al.,2006. Development of the WEP - L distributed hydrological model and dynamic assessment of water resources in the Yellow River Basin[J]. Journal of Hydrology,331(3/4):606 - 629.

JIA Z M,CAI Y P,CHEN Y,et al.,2018. Regionalization of water environmental carrying capacity for supporting the sustainable water resources management and development in China[J]. Resources,Conservation and Recycling,134:282 - 293.

KAM J K,1992. Are chaos and catastrophe theories relevant to environment sciences[J]. Journal of Enviroment Sciences,4:39 - 42.

LI J P,WENG G M,PAN Y,et al.,2021. A scientometric review of tourism carrying capacity research: cooperation, hotspots, and prospect [J/OL]. Journal of Cleaner Production,325:129278(2021 - 10 - 13)[2021 - 10 - 20]. https://doi.org/10.1016/j.jclepro.2021.129278.

LI Q H,WU B W,YANG J L,et al.,2014. Comprehensive evaluation on urban water resources carrying capacity in Fujian Province[J]. Journal of Water Resources and Water Engineering,25(4):147 - 151.

LIAO X,REN Y T,SHEN L Y,et al.,2020. A "carrier - load" perspective method for investigating regional water resource carrying capacity [J/OL]. Journal of Cleaner Production,269:122043(2020 - 05 - 25)[2021 - 09 - 28]. https://doi.org/10.1016/j.jclepro.2020.122043.

LIU B,QIN X S,ZHANG F L,2022. System - dynamics - based scenario simulation and prediction of water carrying capacity for China[J/OL]. Sustainable Cities and Society,82:103912(2022 - 04 - 22)[2022 - 04 - 28]. https://doi.org/10.1016/j.scs.2022.103912.

LIU M,WEI J H,WANG G Q,et al.,2017. Water resources stress assessment and risk early warning: a case of Hebei Province China[J]. Ecological Indicators,73:358 - 368.

LONG X,WU S G,WANG J Y,et al.,2022. Urban water environment carrying capacity based on VPOSR - coefficient of variation - grey correlation model: a case of Beijing,China[J/OL]. Ecological Indicators,138:108863(2022 - 04 - 20)[2022 - 06 - 28]. https://doi.org/10.1016/j.ecolind.2022.108863.

MA L,ZHAO S F,SHI L,2016. Industrial metabolism of chlorine in a chemical industrial park: the Chinese case[J]. Journal of Cleaner Production,112:4367 - 4376.

MAGRI A,BEREZOWSKA - AZZAG E,2019. New tool for assessing urban water carrying capacity (WCC) in the planning of development programs in the region of Oran, Algeria[J/OL]. Sustainable Cities and Society,48:101316(2018 - 12 - 21)[2021 - 09 - 28]. https://doi.org/10.1016/j.scs.2018.10.040.

MENG L H, CHEN Y N, LI W H, et al., 2009. Fuzzy comprehensive evaluation model for water resources carrying capacity in Tarim River Basin, Xinjiang, China[J]. Chinese Geographical Science, 19(1): 89-95.

MSUYA T S, LALIKA M C S, 2018. Linking Ecohydrology and integrated water resources management: institutional challenges for water management in the Pangani Basin, Tanzania[J]. Ecohydrology & Hydrobiology, 18(2): 174-191.

NAIMI AIT-AOUDIA M, BEREZOWSKA-AZZAG E, 2016. Water resources carrying capacity assessment: the case of Algeria's capital city[J]. Habitat International, 58: 51-58.

PARK R E, BURGESS E W, 1921. Introduction to the science of sociology[M]. Chicago: The University of Chicago Press.

PENG J, DU Y Y, LIU Y X, et al., 2016. How to assess urban development potential in mountain areas? An approach of ecological carrying capacity in the view of coupled human and natural systems[J]. Ecological Indicators, 60: 1017-1030.

PENG T, DENG H W, 2020. Comprehensive evaluation on water resource carrying capacity based on DPESBR framework: a case study in Guiyang, southwest China[J/OL]. Journal of Cleaner Production, 268: 122235(2020-05-18)[2021-02-22]. https://doi.org/10.1016/j.jclepro.2020.122235.

PENG T, DENG H W, LIN Y, et al., 2021. Assessment on water resources carrying capacity in karst areas by using an innovative DPESBRM concept model and cloud model[J/OL]. Science of the Total Environment, 767: 144353(2020-12-29)[2021-05-20]. https://doi.org/10.1016/j.scitotenv.2020.144353.

REID W V, CHEN D, GOLDFARB L E A, 2010. Earth system science for global sustainability: grand challenges[J]. Science, 330(6006): 916-917.

SONG X M, KONG F Z, ZHAN C S, 2011. Assessment of water resources carrying capacity in Tianjin City of China[J]. Water Resources Management, 25(3): 857-873.

SUN Y H, LIU N N, SHANG J X, et al., 2017. Sustainable utilization of water resources in China: a system dynamics model[J]. Journal of Cleaner Production, 142: 613-625.

SYNNESTVEDT M B, CHEN C M, HOLMES J H, 2005. CiteSpace II: visualization and knowledge discovery in bibliographic databases[C]//Proceedings of AMIA Annual Symposium 2005. Washington D. C.: American Medical Informatics Association: 724-728.

THOM R, 1969. Topological models in biology[J]. Topology, 8(3): 313-335.

UNESCO, FAO, 1985. Carrying capacity assessment with a pilot study of Kenya: a resource accounting methodology for sustainable development[R]. Paris: United Nations Educational, Scientific and Cultural Organization.

UNGAR E D, 2019. Perspectives on the concept of rangeland carrying capacity, and their exploration by means of Noy-Meir's two-function model[J]. Agricultural Systems, 173:403-413.

VELDKAMP T I E, WADA Y, AERTS J C J H, et al., 2017. Water scarcity hotspots travel downstream due to human interventions in the 20th and 21st century[J/OL]. Nature Communications,8: 15697(2017-06-15)[2020-10-20]. https://doi.org/10.1038/ncomms15697.

WANG G, XIAO C L, QI Z W, et al., 2021. Development tendency analysis for the water resource carrying capacity based on system dynamics model and the improved fuzzy comprehensive evaluation method in the Changchun City, China[J/OL]. Ecological Indicators,122: 107232(2020-12-22)[2021-09-28]. https://doi.org/10.1016/j.ecolind.2020.107232.

WANG R, CHENG J H, ZHU Y L, et al., 2017. Evaluation on the coupling coordination of resources and environment carrying capacity in Chinese mining economic zones[J]. Resources Policy,53: 20-25.

WANG X Y, LIU L, ZHANG S L, et al., 2022. Dynamic simulation and comprehensive evaluation of the water resources carrying capacity in Guangzhou city, China[J/OL]. Ecological Indicators,135: 108528(2022-05-05)[2022-05-06]. https://doi.org/10.1016/j.ecolind.2021.108528.

WANG Z H, ZHAO D Z, CAO B, et al., 2010. Research on simulation of non-point source pollutionin Qingjiang River Basin based on SWAT model and GIS[J]. Journal of Yangtze River Scientific Research Institute,27(1):57-61.

WEI Y J, WANG R, ZHUO X, et al., 2021. Research on comprehensive evaluation and coordinated development of water resources carrying capacity in Qingjiang River Basin, China[J/OL]. Sustainability,13(18):10091(2021-09-09)[2021-09-10]. https://doi.org/10.3390/su131810091.

WU C G, ZHOU L Y, JIN J L, et al., 2020. Regional water resource carrying capacity evaluation based on multi-dimensional precondition cloud and risk matrix coupling model[J/OL]. Science of the Total Environment,710: 136324(2020-01-08)[2021-09-28]. https://doi.org/10.1016/j.scitotenv.2019.136324.

WU L, SU X L, MA X Y, et al., 2018. Integrated modeling framework for evaluating and predicting the water resources carrying capacity in a continental river basin of Northwest China[J]. Journal of Cleaner Production,204:366-379.

XIANG Y, FU Z, YUAN H, et al., 2012. Safety early-warning system theory and method of dam under changing environment[J]. Disaster Advances,5(4):1458-1465.

YANO S,YAMAGUCHI M,YOKOI E,et al. ,2020. Using the sectoral and statistical demand to availability index to assess freshwater scarcity risk and effect of water resource management[J/OL]. Journal of Hydrology X,8:100058(2020-06-12)[2021-05-20]. https://doi. org/10. 1016/j. hydroa. 2020. 100058.

YANG G,DONG Z C,FENG S N,et al. ,2021b. Early warning of water resource carrying status in Nanjing City based on coordinated development index[J/OL]. Journal of Cleaner Production,284:124696(2020-10-16)[2021-05-20]. https://doi. org/10. 1016/j. jclepro. 2020. 124696.

YANG S H,YANG T,2021a. Exploration of the dynamic water resource carrying capacity of the Keriya River Basin on the southern margin of the Taklimakan Desert,China[J]. Regional Sustainability,2(1):73-82.

YANG X,WANG Y,WANG L,et al. ,2016. Assessment model of water resources carrying capacity based on set pair analysis in Yunnan Province[J]. Journal of Water Resources and Water Engineering,27(4):98-102.

YANG Z Y,SONG J X,CHENG D D,et al. ,2019. Comprehensive evaluation and scenario simulation for the water resources carrying capacity in Xi'an city,China[J]. Journal of Environmental Management,230:221-233.

YOUNG C C,1998. Defining the range:the development of carrying capacity in management practice[J]. Journal of the History of Biology,31(1):61-83.

ZANG Z,ZHENG D F,SUN C Z,2015. Dynamic measurement of regional resource carrying capacity and resource load for water resources in Liaoning[J]. Resources Science,37(1):52-60.

ZETLAND D,2021. The role of prices in managing water scarcity[J/OL]. Water Security,12:100081(2020-12-18)[2021-05-20]. https://doi. org/10. 1016/j. wasec. 2020. 100081.

ZHANG F,WANG Y,MA X J,et al. ,2019. Evaluation of resources and environmental carrying capacity of 36 large cities in China based on a support-pressure coupling mechanism[J]. Science of the Total Environment,688:838-854.

ZHANG L X,LIU X,LI D L,et al. ,2013. Evaluation of the rural informatization level in four Chinese regions:a methodology based on catastrophe theory[J]. Mathematical and Computer Modeling,58(3/4):862-870.

ZHANG Y J,YUE Q,WANG T,et al. ,2021. Evaluation and early warning of water environment carrying capacity in Liaoning Province based on control unit:a case study in Zhaosutai river Tieling city control unit[J/OL]. Ecological Indicators,124:107392(2021-02-01)[2021-05-20]. https://doi. org/10. 1016/j. ecolind. 2021. 107392.

ZHANG Z,HU B Q,QIU H H,2022. Comprehensive evaluation of resource and environmental carrying capacity based on SDGs perspective and three-dimensional balance model[J/OL]. Ecological Indicators,138:108788(2022-05-24)[2022-05-26]. https://doi.org/10.1016/j.ecolind.2022.108788.

ZHAO J S,WANG Z J,QIN T,et al.,2008. Analysis on evolution of water resources carrying capacity of Haihe River Basin[J]. Journal of Hydraulic Engineering,39(6):647-651,658.

ZHAO Y,WANG Y Y,WANG Y,2021. Comprehensive evaluation and influencing factors of urban agglomeration water resources carrying capacity[J/OL]. Journal of Cleaner Production,288:125097(2020-11-12)[2021-05-20]. https://doi.org/10.1016/j.jclepro.2020.125097.

ZHOU X Y,LUO R,AN Q X,et al.,2019. Water resource environmental carrying capacity-based reward and penalty mechanism:a DEA benchmarking approach[J]. Journal of Cleaner Production,229:1294-1306.

ZUO Q T,GUO J H,MA J X,et al.,2021. Assessment of regional-scale water resources carrying capacity based on fuzzy multiple attribute decision-making and scenario simulation[J/OL]. Ecological Indicators,130:108034(2021-08-03)[2021-12-20]. https://doi.org/10.1016/j.ecolind.2021.108034.

ZUO Z L,CHENG J H,GUO H X,et al.,2021. Catastrophe progression method-path (CPM-PATH) early warning analysis of Chinese rare earths industry security[J/OL]. Resources Policy,73:102161(2021-06-15)[2021-09-29]. https://doi.org/10.1016/j.resourpol.2021.102161.